KB269831

즐거운 숫자 상식사전

즐거운 숫자 상식사전

팀 글린-존스 지음
명백훈 옮김

살림Math

시작하면서

우리는 처음으로 수를 세는 것을 배우기 시작하면서 숫자를 접한다. 하나, 둘, 신발의 버클을 세고, 곧이어 우리의 나이와 태어난 날, 달과 해를 배우게 된다. 또 리모컨에서 좋아하는 숫자와 친구의 전화번호를 외우고 운동선수의 백넘버와 용돈, 물건의 가격 등에 대해서도 알게 된다. 매우 짧은 기간에 수에 관한 지식은 1과 2에서 출발하여 1,000과 1,000,000 단위까지 확장되며, 무한대의 개념까지 접하게 된다.

숫자는 마법과 같다. 어떤 이들은 특정 숫자가 사람들의 일상생활에 빈번히 나타난다고 주장하며 초자연적인 의미를 부여한다. 수학에서조차 어떤 숫자들의 양상은 매우 놀랍다. 그리스의 위대한 수학자인 피타고라스도 그의 상상력을 사로잡은 특정 숫자들에 신비로운 속성을 부여했다. 대중문화나 종교, 신화 또는 역사적 사건에서 출현하는 숫자에도 종교적인 해석과 의미가 부여되기도 한다.

우리는 일상에서 사용하는 수많은 숫자와 수로 표시되는 대상들이 대부분 인간이 발명한 산물이라는 사실을 쉽게 간과한다. 하루는 24시간, 원은 360°이며, 360은 24로 나누어진다는 것은 기적적인 자연 현상이 아니다. 우리가 숫자에 부여한 중요성들은 대부분 자연 현상에 대한 인간의 관찰에 기인하고 있다. 손가락의 수, 보름달이 되기까지의 밤과 낮의 수, 맨눈으로 관찰할 수 있는 행성의 수 등.

이 책은 숫자의 매력에 대한 헌사이다. 이 책에서는 자연, 수학, 과학, 종교, 미신, 예술, 역사, 기술 등에서 나오는 숫자를 총망라하고 있다. 난해한 주제에 대한 해설을 체계화하기 위해 0에서 100까지의 모든 자연수(매우 유명한 불완전수도 포함)를 다루고 있으며, 많은 사람들에게 익숙하거나 친숙한 사물과 연관된 더 큰 숫자를 선택하여 분류했다. 하지만 아쉽게도 독자에게 친숙한 숫자가 누락되었을 수도 있고 최종적인 목록이라고 말할 수도 없다. 왜냐하면 수에 대한 선택은 무궁무진하기 때문이다.

팀 글린 존스(Tim Glynne-Jones)

CONTENTS

4 · 시작하면서

8 · 0

12 · 1

15 · 1.4142

16 · 1.618

20 · 2

26 · 3

29 · 3.14159

30 · 4

34 · 5

38 · 6

42 · 7

48 · 숫자로 보는 아시아와 중동

50 · 8

54 · 9

58 · 10

62 · 숫자로 보는 유럽

64 · 11

66 · 12

68 · 13

70 · 14

72 · 15

74 · 16

76 · 17

78 · 18

80 · 19

82 · 20

84 · 숫자로 보는 남아메리카

86 · 21

87 · 22

88 · 23

90 · 24

91 · 25 · 26

92 · 27

93 · 28

94 · 29

95 · 30

96 · 31 · 32

97 · 33 · 34

98 · 숫자로 보는 남극 대륙

100 · 35 · 36

101 · 37

102 · 38

103 · 39

104 · 40

105 · 41

106 · 42

107 · 43 · 44

108 · 45 · 46

109 · 47

110 · 48

111 · 49

112 · 50

114 · 51

115 · 52

116 · 53 · 54

117 · 55

CONTENTS

118 · 숫자로 보는 아프리카

120 · 56 · 56.5

121 · 57 · 58

122 · 59 · 60

124 · 61 · 63

125 · 64

126 · 65

127 · 66 · 67 · 68

128 · 숫자로 보는 북아메리카

130 · 69

131 · 70

132 · 72

134 · 73

135 · 75 · 76

136 · 77

137 · 78

138 · 79 · 80

139 · 81 · 82

140 · 83 · 84 · 85 · 86

141 · 87

143 · 88 · 89

144 · 90

145 · 91

146 · 92 · 93

147 · 94 · 95 · 96

148 · 97 · 98

149 · 98.6 · 99

150 · 100

152 · 숫자로 보는 오스트레일리아와 대양주

154 · 101 · 108

155 · 109 · 110

156 · 111

158 · 112 · 114 · 117

159 · 125 · 128 · 139 · 144

160 · 147 · 180

162 · 200

163 · 216

164 · 220

165 · 256

166 · 270 · 360

167 · 365.25

168 · 374 · 420

169 · 432 · 451

170 · 숫자로 보는 바다

172 · 500

173 · 666

176 · 761

177 · 777

178 · 900 · 911

179 · 999

180 · 1,000

181 · 1,001

182 · 1776 · 1984

183 · 4,844

184 · 1,000,000

186 · 10,000,000 etc.

187 · 무한까지

189 · 구골

190 · 우주

192 · 그리고 더 먼 곳에

영은 숫자일까? 흰색은 색깔이 아니라고 주장하는 사람이라면 영도 숫자가 아니라고 생각할 것이다. 영은 양수도 음수도 아니다. 단지 무(無)일 뿐이다. 그런데 어떻게 숫자일 수 있을까? 만약 라스베이거스에서 영에 돈을 걸 수 있다면 영은 숫자일 것이다. 어쨌든 *1*부터 *9*까지의 자연수에 비해 숫자 *0*은 가장 나중에 발견되었다.

> **❝** 신은 무에서 유를 창조했지만,
> 무는 말씀을 통해 드러난다. **❞**
>
> 폴 발레리(프랑스의 시인이자 철학자)

고대 그리스 인들은 0을 숫자로 인식하지 않았다. 기하학에 능통하고, 파이(π)를 계산한 사람들조차 0에서 좌절을 맛보아야 했다. 그것은 로마 인들도 마찬가지였다. 현재 우리가 사용하고 있는 숫자의 발상지인 인도의 힌두 인들은 0을 10이나 100과 같은 더 큰 숫자의 자리를 채우기 위한 일부분으로 생각했다. 힌두 인들은 0을 점으로 표시하였는데, 아마도 이 점이 점점 커져 지금 우리가 사용하는 0이 되었을 것이다. 서기 876년에 만들어진 묘비에 보면 우리가 아는 0이 사용되었다.

0년

고대의 계산 체계는 달력에서 그 증거들을 찾을 수 있다. 현재의 그레고리력에는 0년이 없지만, 서기 1000년경 남아메리카에 번성하던 마야 인들의 시간은 현재의 그레고리력으로 기원전 3114년 8월 11일에 해당되는 0일에서 시작되었다. 마야 인들은 목적에 따라 다양한 달력을 사용하였다(숫자 20 참조). 그중 하나가 12진법이다. 마야 인은 12진법을 이용해 수년 동안의 중요한 날을 적어 두었다. 0에서 시작해 하루하루를 숫자로 세면서, 동시대의 다른 계산 체계에는 존재하지 않았던 0을 사용했다. 또한 마야 인들은 독특하게도 0을 조개껍데기라는 특별한 상징으로 표시했다.

1975년의 0년은 다소 안 좋은 의미를 가지고 있다. 그해에 폴 포트가 이끄는 크메르 루주 군이 캄보디아의 통치권을 탈취한 뒤, 이전의 모든 것을 삭제하고 0년으로 달력을 바꾸었다. 그들은 정권에 위협이 될 만한 자들을 모두 처단했다. 심지어는 단순히 안경을 쓰고 있다는 것만으로도 지식인으로 간주하여 처형했을 정도다. 1979년까지 이어진 폴 포트의 살육 기간 동안 거의 100만 명에서 200만 명의 사람들이 처형당했다.

■ 테니스에서 0을 뜻하는 'love'라는 용어는 프랑스 어로 '알'을 뜻하는 'l'oeuf'에서 유래되었다(알이 0과 비슷하게 생겼기 때문이다). 이와 유사하게 크리켓에서도 타자가 0점일 때 'duck'이라고 한다. 또한 'scratch out'이 '삭제'를 의미하므로 골프 용어에서 'scratch'는 0을 의미하며, 'scratch golfer'는 핸디캡 0점 상태에서 경기를 시작한다. 스포츠에서 '0점'을 뜻하는 'nil'은 라틴 어로 무(無)를 의미하는 'nihil'의 약어로, 다른 분야에서는 거의 쓰이지 않는 용어다(예외적으로 의학 용어 중 'nil by mouth'는 '삼키지 마시오'라는 뜻을 가지고 있다).

□ 0을 뜻하는 가장 보편적인 단어는 'zero'다. 'nil'과는 달리 zero는 전설적인 수학자 레오나르도 피보나치에 의해 이탈리아 어에서 처음 기원했다(숫자 1.618 참조). 피보나치는 아라비아 어로 '비어 있음'을 뜻하는 단어 'sifr'에서 이탈리아 어 'zefiro'를 만들어 냈고, 이것은 뒷날 'zero'로 축약되었다. 또한 여기에서 바람이 거의 불지 않는다는 뜻의 'zephyr'란 단어도 생겨났다.

영웅들과 0

스포츠에서 0이 없다면 매우 곤란할 것이다. 0은 경기가 시작될 때의 점수이며, 0점을 의미하는 다양한 표현들도 있다.

● Nil ● Nought ● Zero ● Nothing ● Zip ● Zilch ● Nix (from the German 'nichts') ● Love ● Duck ● Scratch

■ 그라운드 제로(Ground Zero)는 폭발 또는 재난의 중심을 뜻한다. 예를 들어 일본 히로시마의 그라운드 제로는 1945년 원자 폭탄이 폭발한 지점이다. 그리고 뉴욕의 그라운드 제로는 9 · 11 이전에 쌍둥이 빌딩이 서 있던 자리다. 또한 미국 국방성의 본부인 펜타곤의 센트럴 플라자를 그라운드 제로로 칭하기도 하는데, 냉전 기간 동안 이곳이 폭격의 일순위로 여겨졌기 때문이다.

□ 미쓰비시 제로(Zero)기는 제2차 세계 대전 동안 가장 강력했던 일본의 전투기다. 제로기는 항공모함에서 발진하도록 디자인되었지만 육상 기지에서 발진되는 미국 전투기를 압도할 정도로 빠르고 기민한 움직임을 보여 주어 진주만 공습에서 가장 중요한 역할을 하였다. 1940년부터 생산된 제로기는 연합군 측 공군에 맞서서 대부분의 전투에 참전했으며, 연합군의 전투기를 추격하고 방해하는 작전에 투입되었다. 제로기라는 이름은 정식 명칭인 'Navy Type 0 Carrier Fighter' 에서 가져왔다.

＊

66 만약 텔레비전에서 광고하는 모든 식품이 저칼로리(또는 제로 칼로리) 식품이라면, 어째서 광고에 대하여 불평하겠는가. 광고의 무가치성에 따르자면 그들은 최소한 더 높은 수준의 프로그램을 제작하는 데 도움을 준다. **99**

장 보드리야르

＊

□ '유로비전 노래 콘테스트(Eurovision Song Contest)' 에서 0점은 유럽 각국의 투표에서 점수를 받지 못한 경우다. 전통적으로 노르웨이가 가장 많았다. 2006년까지 국가별로 0점을 받은 횟수를 순서대로 나열하면 다음과 같다.

노르웨이 (4)	벨기에 (2)	스웨덴 (1)	아이슬란드 (1)
핀란드 (3)	포르투갈 (2)	이탈리아 (1)	리투아니아 (1)
오스트리아 (3)	네덜란드 (2)	모나코 (1)	유고슬라비아 (1)
스위스 (3)	터키 (2)	영국 (1)	룩셈부르크 (1)
스페인 (3)	독일 (2)		

2000~2009년은 0들(noughts)의 10년 기간이기 때문에 'noughties'라고 부른다. 0(nought)은 중세 영어에서 '무'를 의미하고, 'naught(불건전함)'의 어원이 되었다. 따라서 마약과 전쟁, 도덕성이 추락한 1960년대를 어느 시기보다 더 '반항적(naughtier)'이라고 표현한다.

* 스코틀랜드의 애버딘에서 뛰던 모로코 축구선수 히참 제루얼리가 팬들에게 불리던 별명은 'Zero'였고, 그의 백넘버는 0번이었다.

* 인도의 폰티아나크(Pontianak)의 위치는 북위 0도 0분, 동경 109도 20분으로, 정확하게 적도상에 위치하고 있다.

* 0~100km/h(0~62mph)는 자동차의 가속 능력을 평가하는 표준적인 방법이고, 0~60mph를 미터법으로 대체한 속도다.

절대영도(Absolute zero, −273.15°C)는 모든 물질의 분자가 에너지를 갖지 않는 점이다. 즉, 모든 것이 결빙된다!

실 제 로 는 아 무 것 도 문 제 되 지 않 는 다

0은 자신의 철학을 낳기도 한다. 허무주의(Nihilism)는 가치나 목적, 의미를 갖는 것은 아무것도 없다는 믿음이다. 허무주의라는 말은 러시아의 작가인 이반 투르게네프가 1862년에 집필한 소설 『아버지와 아들』에서 유래되어, 러시아뿐 아니라 전 세계의 가치관을 뒤흔든 문화 운동의 표상이 되었다. 허무주의는 예술과 문학에까지 스

며들어 니체 철학의 중심 주제가 되었고, 허무주의자가 아닌 장 폴 사르트르와 앨버트 카뮈와 같은 많은 철학자들에게까지 영향을 미쳤다. 스스로 허무주의자라고 인정하거나 허무주의자로 평가될 수 있는 사람들은 다음과 같다.

아돌프 히틀러 • 조니 로튼
다다이스트의 '반예술' 운동 • 마릴린 맨슨
〈위대한 레보스키(The Big Lebowski)〉에 • 기호학자 장 보드리야르
등장하는 세 명의 허무주의자

1

옛날에는 숫자가 1 하나밖에 없었다.
또한 1은 오늘날 세상에서 가장 많이 사용되고
어느 곳에나 존재한다.

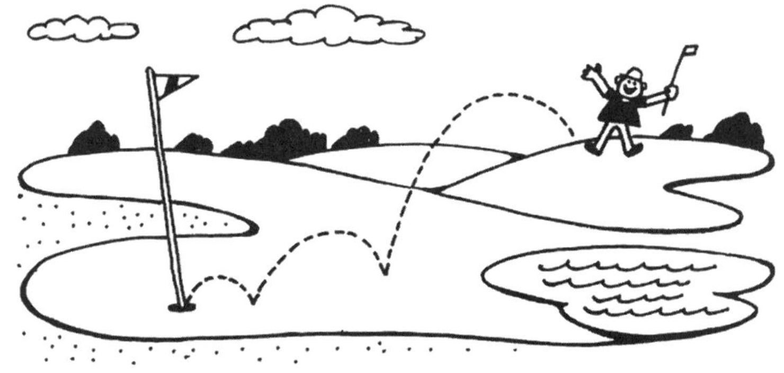

좋은 1

홀인원(Hole in One)
일류(Number one)
한 마음(At One)
단 하나뿐인 것(One of a Kind)
선택 받은 자(The Chosen One)
유일무이(The One And Only)
한 번만의(One-Off)

나쁜 1

유일한 히트곡(One-Hit Wonder)
하찮은 마을(One-Horse Town)
한 가지 재주밖에 없는 변변치 못한 것
(One-Trick Pony)

그 밖의 1

거리의 악사(One-Man Band)
일방통행로(One-Way Street)
뻐꾸기 둥지 위로 날아간 새(One Flew
Over the Cuckoo's Nest)
일방통행로(One-Way Street)

■ 0이 아무것도 없는 것이라면, 숫자 1은 최고, 승자, 리더, 총아 등 완전히 반대의 의미를 가진다. 특히 영국의 여왕을 뜻하는 말이기도 하다. "여왕은 웃지 않는다(One is not amused)." 하지만 1은 외로운 숫자이고, 중국에서는 불행한 숫자로 여겨진다.

*

그리스 어 'monos'에서 유래한 mono 역시
'하나'를 의미한다.
Monochrome : 단색
Monotheism : 일신교
Monomania : 편집증

*

> **“** 하나(one)는 영원히 그리고 가장 외로운 숫자일 거예요.
> 하나는 둘보다 훨씬 나쁘고 외로운 숫자예요. **”**
>
> 해리 닐슨의 'One'

□ 축구에서 1은 전통적으로 골키퍼의 등번호다. 번호가 붙은 운동복은 1928년 영국 리그에서 1부터 11까지의 번호로 가장 처음 등장했다. 등번호는 1954년 월드컵에서 최초로 사용되었는데, 1978년 아르헨티나 월드컵에서는 더욱 확대되어 알파벳 순서대로 번호를 붙이게 되었다. 따라서 미드필더인 노르베르토 알론소가 숫자 1의 운동복을 입었다. 클럽에서의 등번호는 1993년 영국에서 처음 시작되었고 오늘날까지 이어지고 있다.

1과 같은 것

'one'은 여러 방법으로 표현된다. lonely, lonesome, loner 등의 단어는 'all one'이 축약된 'alone'에 기원을 두고 있다. 하나의 악기로 연주되는 것을 의미하는 라틴 어 'solo'는 혼자를 의미하는 'solus'에서 왔으며, 혼자 하는 놀이 또는 한 알만 장식된 보석을 뜻하는 solitaire나 sole, solitary도 마찬가지로 solo에서 왔다. 또한 단일체를 뜻하는 'unit'에서 파생된 단어로는 unity, unite, unison, uniform, unique, unisex, united 등이 있다.

*

1은 수소의 원자 번호다. 즉, 각각의 수소 원자는 단 하나의 양자(proton : 양극을 띠는 물질)만을 갖는다. 현재 117개로 확인된 원자들을 원자 번호 순으로 나열해 놓은 주기율표상에서 수소가 가장 먼저 나온다. 수소는 전 우주 질량의 약 4분의 3을 차지하고 있는 것으로 계산된다.

*

Aces high 'ace'라는 단어는 중세 프랑스에서 기원하였다. 중세 프랑스에서는 주사위의 1을 'as'라 표현하였다. 카드 게임에서 ace는 두 가지 숫자로 사용되기 때문에 고득점을 나타내는 경우에 많이 사용되었다. 예를 들어 제1차 세계 대전에서 'flying aces'는 많은 수의 적기를 격추한 전투기 조종사를 의미한다. 테니스에서 ace는 받아칠 수 없는 서브를 의미하며, 한 번의 서브만으로 득점한 경우도 ace라 한다.

돈 과 관 련 된 1

일반적으로 1부터 9까지의 수가 첫 번째 숫자에 나타날 확률은 각각 11.1 퍼센트 정도일 것이라고 생각한다. 그러나 미국의 물리학자 프랭크 벤포드는 그렇지 않다는 것을 발견했다. 실제로 첫 번째 숫자가 1인 경우는 3분의 1(30.1퍼센트)에 달하며, 9까지 증가해 갈수록 확률이 감소하여 9가 첫 번째 숫자인 경우는 4.6퍼센트에 불과하다. 반면에 사기꾼들은 주로 6으로 시작되는 숫자 배열을 만드는 경향이 있다. 이러한 발견을 통하여 수사관들이 사기꾼들에 대해 조사할 때는 벤포드의 법칙을 적용할 때가 많다. 따라서 만약 세금을 횡령하고 싶다면 1을 더 많이 쓰는 것이 좋을 것이다.

또한 숫자 1은 사람들에게 그릇된 생각을 불어넣기도 한다. 따라서 경찰의 수사에서 용의자들을 정렬시킬 때에는 목격자의 선택에 영향을 미치지 않도록 1번을 제외하고 순서를 붙이게 된다.

■ 수학에서 1은 0을 제외한 나머지 숫자들 중에서 유일하게 원래 값과 제곱한 값이 같은 숫자이다(1 × 1 = 1). 또한 1과 관련된 다음과 같은 흥미로운 계산도 있다.

$$1 \times 1 = 1$$
$$11 \times 11 = 121$$
$$111 \times 111 = 12{,}321$$
$$1111 \times 1111 = 1{,}234{,}321$$
$$11111 \times 11111 = 123{,}454{,}321$$

여러 가지 유명한 FIRST

First Lady(최초의 퍼스트레이디는 마사 댄드리지 커스티스 워싱턴)

'First Cut is the Deepest' (캣 스티븐스의 노래)

『First Love, Last Rites』(이언 매큐언의 단편집)

First past the post(각 선거구에서 최대 득표를 한 사람이 국회의원으로 선출되는 제도)

『First Among Equals』(제프리 아처의 소설)

유일한 히트곡(One-Hit Wonders) Top 10 2002년 미국 케이블 네트워크 VH1의 통계: 10. Ninety-Nine Red Balloons(Nena)   9. Rico Suave(Gerardo)   8. Take On Me(a-ha)   7. Ice Ice Baby(Vanilla Ice)   6. Who Let the Dogs Out?(Baha Men)   5. Mickey(Toni Basil)   4. I'm Too Sexy(Right Said Fred)   3. Come on, Eileen(Dexy's Midnight Runners)   2. Tainted Love(Soft Cell)   1. Macarena(Los Del Rio)

1.4142 $\sqrt{2}$

그리스의 위대한 수학자 피타고라스가 증명했듯이 두 변의 길이가 1인 직각삼각형에서 빗변의 길이는 $\sqrt{(1^2+1^2)} = \sqrt{(1+1)} = \sqrt{2} = 1.4142$가 된다. 이 수는 피타고라스 상수라 불리며, 사각형의 대각선 길이를 구하는 데 쓰인다.

피타고라스의 정리를 이용해 설계자나 건축가들은 간단하게 직각을 만들 수 있었다. 예를 들어 이집트 인들은 매듭을 이용하여 밧줄을 12부분으로 나누고, 각 변이 3부분, 4부분, 5부분이 되는 삼각형을 만들었다. $5^2=3^2+4^2$이므로, 5부분으로 이루어진 변과 마주보는 각은 직각이 되는 것이다.

피타고라스 상수

1.4142… × 빗변의 길이

그러나 $\sqrt{2}$는 무리수고, 피타고라스는 무리수의 존재를 믿지 않았다. 무리수는 x와 y가 정수일 때, x/y꼴의 분수로 나타낼 수 없는 수를 말한다. 피타고라스의 제자 중 한 명은 $\sqrt{2}$를 분수로 나타내는 것이 불가능하다는 것을 깨닫고 무리수의 표시법을 제안했다. 역사에 의하면, 피타고라스는 그 제자의 방자함에 죄를 물어 물에 빠뜨려 죽였다고 한다.

1.618 Φ – 황금 숫자

질문 : 아래의 공통점은?

이집트의 피라미드
파르테논 신전
노트르담 성당
빈센트 반 고흐의 '해바라기'
레오나르도 다 빈치의 '최후의 만찬'
스트라디바리우스의 바이올린
사람의 몸

이들의 공통점은 Φ(파이)다. 다시 말해서 황금 숫자, 황금 분할, 신의 비율 등으로 불리는 1.618⋯⋯(무한 소수)의 비율을 가지고 있다는 것이다. Φ가 영향을 미치는 곳은 이뿐만이 아니다. 기하학, 수학, 자연과 예술 등에 두루 적용되며 아울러 우리의 일상을 지배하고 있다.

피보나치와 Φ의 소리

최근에 황금비가 소리에 영향을 미친다는 사실이 밝혀졌다. 그리하여 황금비는 녹음실에서 뛰어난 음향을 만드는 데도 이용된다. 17세기의 바이올린 제작자인 안토니오 스트라디바리우스는 이러한 연구 결과를 몰랐음에도 불구하고 악기의 디자인에 황금비(Divine Proportion)를 적용했고, 그 결과 그가 만들어 낸 음질은 그 누구에게도 뒤지지 않았다.

스트라디바리우스는 첫 번째와 세 번째, 그리고 다섯 번째와 여덟 번째 (옥타브) 숫자가 조화를 이루고 있다는 사실을 알았고, 이것은 12세기 이탈리아의 수학자인 레오나르도 피보나치가 알아낸 황금비와 본질적으로 연결되어 있었다(18쪽 참조).

기하학과 건축학

선을 하나 그려 보자. 그리고 그 선을 둘로 나누는데, 짧은 부분과 긴 부분의 비율이 긴 부분과 선 전체의 비율과 같도록 나누어 보자.

선이 나누어진 부분은 전체 길이의 0.618……이 되는 지점이 되고, 앞서 말한 비율은 1.618……이 된다. 즉, 긴 부분은 짧은 부분의 1.618……배가 되고, 선 전체 길이는 긴 부분의 1.618……배가 된다. 그리스 인들은 이것을 두고 "외중비(外中比)로 선을 자른다."라고 했지만, 황금비를 사용하여 자른다고 해서 더 세련되고 시적인 표현으로 '황금 분할'이라고 널리 알려졌다. 이러한 비율(1.618……)과 선을 분할한 비율(0.618……) 사이의 유사성은 크게 놀랄 일도 아니다. Φ에 관한 첫 번째 놀라운 점은 다음과 같다.

$$1/\Phi = \Phi - 1$$

다른 숫자에서는 이러한 관계를 결코 찾을 수 없다. 수학자들은 이 식을 토대로 또 다른 놀라운 식을 유도해 냈다.

$$\Phi^2 = \Phi + 1$$

계산해 보면 1.618…… × 1.618…… = 2.618…… 로 정확히 일치한다.

★

고대 이집트 인과 그리스 인은 무한 소수를 계산하기 위해 계산기를 사용할 필요가 없었다. 황금 분할은 간단한 기하학적인 방법으로 유도할 수 있었고, 심지어 피라미드와 같은 대규모의

건축물을 만들 때도 적용할 수 있었다.

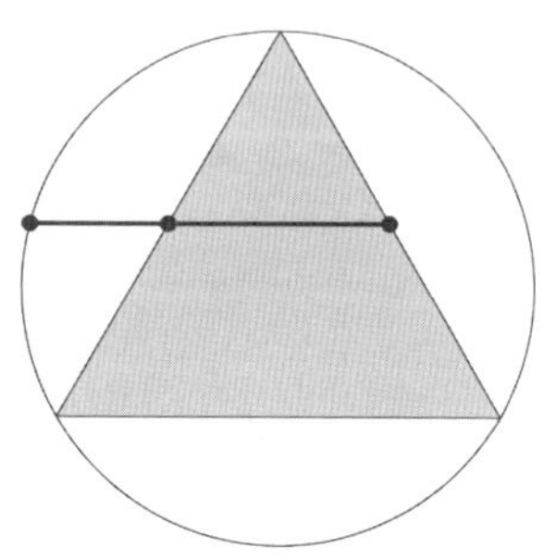

그중 한 가지 방법은 정삼각형의 세 꼭짓점이 원과 만나도록 원 안에 그려 넣는 것이다. 그런 다음 두 변의 중점을 잇는 선을 그리고 그 선이 원과 만나도록 확장하면, 두 변의 중점 사이의 거리는 하나의 중점에서 원과 만나는 점까지의 거리에 ϕ를 곱한 수가 된다.

마찬가지로 다른 정다각형과 원 사이의 관계도 ϕ가 지배하고 있으며, 이러한 관계는 건물의 완벽한 비율을 원하는 고대의 건축가들에게 널리 이용되었다. 이집트의 피라미드나 아테네의 파르테논 신전을 보면 고대 건축가들이 공통된 뭔가를 알고 있었다는 사실에 동의할 것이다.

또 다른 수학

레오나르도 피보나치는 토끼에 관한 연구를 통하여 자신의 이름을 역사에 남길 수 있었다. 그는 암수 한 쌍의 새끼 토끼가 얼마나 빨리 종족을 번식시킬 수 있는지를 연구했다. 피보나치는 먼저 토끼의 개체 수 증가에 따른 표를 만들었다. 토끼는 태어난 지 한 달이 되었을 때 짝짓기를 해서 한 달 뒤 암수 한 쌍의 새끼를 낳는다. 이러한 패턴은 순차적으로 반복된다. 0에서 시작하여 매월 말에 몇 쌍의 토끼가 있는지를 써 보자(단, 토끼가 죽지 않는다고 가정해야 한다). 그러면 0 1 1 2 3 5 8 13 21 34 55 89…… 같은 수열을 얻을 수 있다. 이 수열을 피보나치수열이라 부르는데, 첫 번째 1 이후의 각 숫자들은 그 앞에 있는 두 숫자의 합이 되는 간단한 식이다. 피보나치수열의 숫자 사이의 관계를 살펴보면, 숫자가 커질수록 인접한 두 숫자의 비율이 황금 숫자에 가까워진

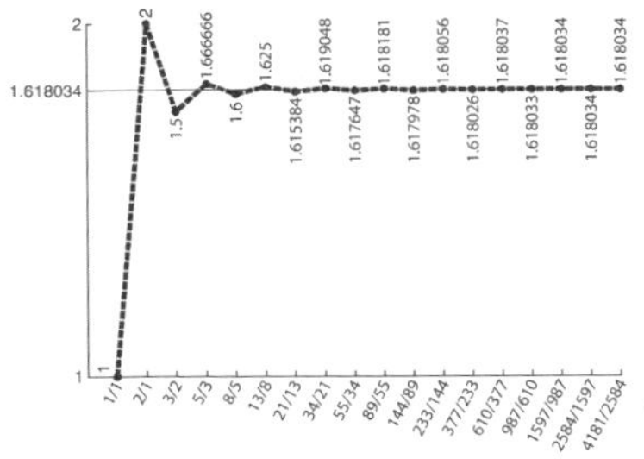

다는 것을 알 수 있다. 따라서 피보나치수열은 황금 숫자인 Φ와 밀접한 관련이 있으며, 이로써 수학과 기하학이라는 인간이 만든 세계에까지 Φ가 영향을 미치고 있다는 사실을 알 수 있다.

예술

이집트 인들이 기자에 피라미드를 세운 지 4,000년 뒤, 르네상스 시대의 예술가와 건축가들은 Φ에 주목했다. 그들은 '최후의 만찬'에서 노트르담 성당에까지 회화와 건물에 Φ를 두루 사용한 것이다. Φ는 자연뿐 아니라 사람의 얼굴이나 인체 비율에서도 확인되었다. 이처럼 다양한 삶의 형태에서 나타나는 Φ를 신의 비율(Divine Proportion)이라고 여기는 것은 어찌 보면 당연한 것이었는지 모른다. Φ는 예술에서도 훌륭한 영감이 되었다.

자연

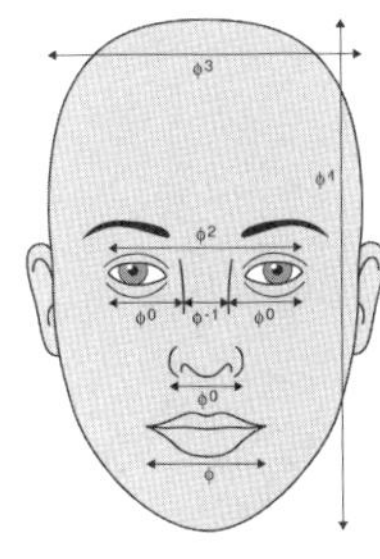

피보나치수열은 특정한 식물의 씨앗이나 꽃잎, 가지 등에서도 명백하게 나타난다. 예를 들어 해바라기 씨앗은 나선형으로 배열되며, 그 숫자는 피보나치수열을 따른다. 토끼와 마찬가지로 많은 종류의 나무도 처음에는 가지가 하나, 다음에는 두 개, 그다음은 세 개, 그다음은 다섯 개 등 피보나치수열과 일치하는 개수로 가지가 늘어난다. 실제로 이것은 새로 생겨난 것이 자신을 복제하기 전에 한 차례 쉬는 단순한 복제 과정이다.

피보나치가 몰랐던 사실은 식물 또는 동물 세포의 복제 역시 이러한 순서를 따른다는 점이다. 이것은 사람 얼굴의 이목구비나 조개껍데기의 나선무늬와 같이 자연에 있는 수많은 사물에서 황금비가 성립되는 이유로 설명되었다. 더 나아가 우리가 그러한 사물들을 볼 때 기분 좋고 균형감 있는 비율이라고 여기는 이유는 사람의 눈도 동일한 수학적인 규칙에 따라 만들어졌기 때문이다.

2

일단 스스로의 존재에 익숙해지면 2에 대한 생각이 바로 떠오르게 된다. 2는 공유, 협동, 조화를 의미한다. 반대로 마찰과 반대를 의미할 수도 있다.

" 나는 자연과 둘이다. **"**

우디 앨런

반 대

두 부분으로 구성된 태극도(太極圖)는 도교의 상징이다. 나누어진 두 부분은 각각 음과 양의 세계이며, 이들은 세계가 평화롭게 존재하기 위해 항상 균형을 이루어야 한다. 음은 어두운 반쪽으로 수동성, 그늘, 여성성, 차가움, 신비, 밤과 관련된 것으로 묘사된다. 밝은 반쪽인 양은 활동성, 밝음, 남성성, 선명함, 뜨거움, 태양과 관련이 있다. 태극도는 전 세계적으로 조화와 균형의 상징으로 받아들여지고 있다. 하지만 실제로 도교의 교리는 음과 양은 항상 싸우고 있기에 제3자인 인간에 의해 균형이 잡혀야 한다고 설명하고 있다.

■ 중국인들은 숫자의 발음에 큰 의미를 둔다. 예를 들어 2(uhr)의 경우 중국어로 '쉽다'를 나타내는 단어와 발음이 비슷하기 때문에 좋은 숫자로 여긴다. 8도 '번영'이라는 뜻을 가진 단어와 발음이 비슷하여 좋은 숫자라 여기고, 매우 긍정적으로 받아들인다. 이런 숫자를 사용할 때 주의를 해야 한다. 예를 들어 4는 중국어로 '죽음'의 뜻을 가진 단어와 발음이 비슷하기 때문에 경주용 자동차에 24번을 다는 일은 매우 무모하다고 생각한다.

■ **더블 트러블(Double Trouble)**: 정치가들은 그들만의 전문 용어를 사용하는 것을 매우 좋아한다. 최근에 가장 남용되는 용어 중 하나가 'Double Whammy(설상가상)'이다. 이 단어는 1940년대에 알 카프가 '릴 아브너(Li'l Abner)'라는 제목으로 그린 미국의 연재만화에 기원을 두고 있다. 이는 우리가 존경하는 리더들의 취침 전 독서에 대하여 다소 의구심을 갖게 한다. 이 만화 내용 중에 "진흙탕 속에서 나는 사람들을 부패시킬 수 있는 눈을 얻었다! …… 거기에는 '하나의 흉안(凶眼, single whammy)'이 있다……." 여기에서 '흉안(whammy)'은 악마의 눈에 의한 주문이므로, 'double whammy'는 양쪽 눈으로 저주를 거는 것을 말한다. 알 카프는 아마도 '때리다'라는 뜻을 가진 'wham'으로부터 그 단어를 만들었을 것이다.

2진법

우리 선조들이 0과 1만 만들고 2 이상의 숫자는 발명하지 않았다고 상상해 보자. 엄청나게 게을렀다는 사실은 제쳐 두고라도, 우리 선조들은 0, 1, 10, 11, 100, 101, 110 ……으로 진행되는 계산 체계를 남겼을 것이다. 예를 들어 2000년을 표현하고 싶을 때는 11111010000이라고 써야만 했을 것이다. 이것은 본질적으로 2진수 시스템, 또는 2진법이라고 한다. 현재 우리는 10진법 덕분에 한 줄이 끝난 뒤 다음 줄을 시작한다. 그러나 우리 선조들은 2진법을 좋아했다. 3000여 년 전 인도의 핑갈라는 2진수에 취미가 있었고, 고대의 중국인들은 육각형의 별(hexagram)에 2진수를 이용하였다(숫자 8 참조). 오늘날 2진수는 컴퓨터 논리 시스템의 기초이다. 2진수에 기초한 논리 시스템을 처음 제안한 사람은 영국의 수학자인 조지 불이었고, 그의 이름을 따서 이 논리 시스템을 불 대수(Boolean Algebra)라고 부르게 되었다. 이 논리 시스템을 1937년에 미국의 벨 연구소에서 조지 스티비츠가 최초의 전자 컴퓨터를 구성하는 전자식 릴레이 시스템에 적용했다.

BBC 온라인에서의 앞뒤가 맞지 않는 부동산 중개업자의 대화(double speak):

작은 것(Bijou): 성장 호르몬이 결핍된 몸을 자유자재로 구부리는 곡예사에게 알맞음

특색 있는: 오래되고 허물어짐

매력적인: 비좁음

소형: '작은 것'을 참조하고 둘로 분할

방 4개: 침실 3개와 찬장 하나

현대화가 필요함: 해체가 필요함

공들인 정원: 미지의 세계처럼 정원에 A에서 Z까지 기호를 표시

본래의 특징: 물탱크에는 여전히 콜레라 박테리아가 있음

스튜디오: 화장실에서 일어나지 않고도 설거지를 하거나 텔레비전을 볼 수 있고, 초인종에 응답할 수 있음

★

보조는 링 밖으로

어째서 1분의 1/60을 'second'라고 할까? second는 라틴 어로 '두 번째 작은 부분'을 의미하는 'pars minuta secunda'에서 기원하는데, 이것은 분 단위의 유래를 설명하기도 한다. 이 어구는 수학자인 톨레미가 원을 작은 부분들로 나눌 때 사용하였다. 톨레미는 원의 1/60을 'pars minuta prima'(첫 번째 작은 부분)이라고 했고, 그것을 다시 60개로 나눈 것을 'pars minuta secunda'라고 했다. 그 뒤 이 어구는 시간을 구분하여 나타내는 데 사용되었다. 'second'의 의미 중에 '권투선수의 보조'나 '움직임을 지원하는 사람'과 같은 보조나 지원의 의미도 라틴 어에서 왔다.

잡지 〈애매모호한 말(double speak)에 대한 분기별 리뷰〉에서 발췌한 모호한 표현들:

● 의사가 죽은 환자의 차트를 보며: '환자가 수명을 다하지 못했군.'

● 미 육군에 의하면, 그것은 '수직으로 배치된 대인 살상용 장비'다. 대부분의 다른 사람들은 그것을 폭탄으로 알고 있다.

● 캘리포니아의 매클렐런 공군 기지에서 민간인 기술자는 '비 복무(non-duty), 비 보수 상태(non-pay)'다. 즉, 그들은 해고된 상태다.

● 상원의원 오린 해치는 "사형은 인류의 존엄성에 대한 우리 사회의 인식이다."라고 했다.

■ 중국에는 몇 개의 창조 신화가 있는데, 가장 일반적인 것은 거인 반고(the giant Pangu)의 이야기다. 반고는 알 속에서 18,000년 동안을 자란다. 부화된 알의 어두운 부분은 대지(음, Yin)를 만들기 위해 내려가고, 밝은 부분은 하늘(양, Yang : 20페이지 참조)을 만들기 위해 떠오른다. 반고는 그 둘이  분리되도록 중간에 자리를 잡았다. 또다시 18,000년이 흐른 뒤, 하루에 10피트씩 자란 반고는 하늘과 땅이 자리를 잡자 자신의 임무를 끝내고 죽음을 맞이하였다. 이때 그의 몸은 땅의 여러 모양(바람, 돌, 강, 나무 등)을 만들어 냈다. 인류는 반고의 몸에 있던 기생충으로부터 만들어졌다.

2차원 사물은 길이와 폭은 있지만 깊이가 없다.

★

2는 유일하게 짝수인 소수다.

★

경찰 만화인 「핑크팬더 The Pink Panther Show」(1964~1971)에서 클루조 경위의 조수는 되되[Deux-Deux(Two-Two)] 경사라 불린다.

둘은 절대 만날 수 없다

마크 트웨인은 19세기 미국의 위대한 작가인 새뮤얼 랭혼 클레멘스의 필명이다. 마크 트웨인이 쓴 가장 유명한 책은 톰 소여와 허클베리 핀의 모험을 그린 이야기다. 마크 트웨인은 그들 책에서 다음과 같은 주옥같은 말을 남기기도 했다. : "나는 학교가 절대 내 교육을 방해하지 못하게 했다." "입을 닫고 바보처럼 보이는 것이 입을 열어 모든 의문을 없애는 것보다 낫다."

소설의 두 위대한 주인공들처럼 마크 트웨인의 삶도 미시시피 강과 함께였다. 그중 증기선에서의 일은 그의 필명에 깊은 영감을 주었다. 안전한 수심은 2패덤(fathom : 두 팔을 벌린 길이로 약 1.8미터) 정도였고, 선원들은 표시가 된 줄을 이용해 수심을 재곤 했다. 당시에는 일반적으로 'twain'이 '둘'이란 뜻으로 사용되고 있었는데(never the twain shall meet : 둘은 절대로 만날 수 없다), 선원들은 안전한 수심에 도달해서 이렇게 소리쳤다. "By the mark twain(두 길 깊이의 물에 도달했다)."

2를 나타내는 몇몇 다른 단어들과 함께 twain도 거의 사용되지 않게 되었다. 하지만 살아남은 단어들도 많다. : brace(쌍), couple(쌍), deuce(2의 패), duo(짝), pair(쌍), double(2배).

Double의 활용

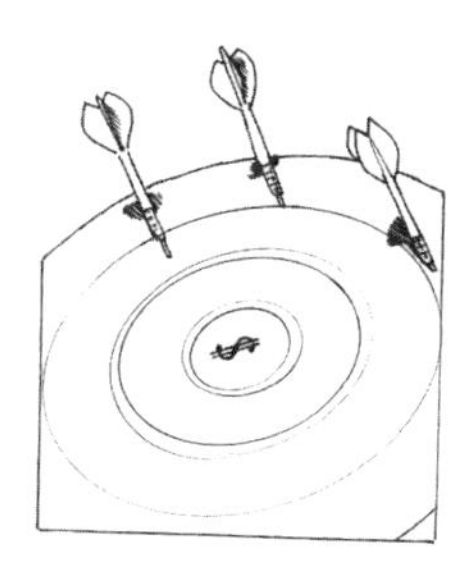

Double top : 다트 게임에서의 double 20(20점 구역의 더블 라인을 맞추었을 때 double 20라 하여 40점이 됨－옮긴이). 다트 보드에서의 최상위 구역.

Double jeopardy : 한번 혐의를 벗은 용의자는 다시 혐의를 받지 않도록 예방하기 위한 법률 용어. 1999년 토미 리 존스가 주연을 맡은 영화 제목이기도 하다.

Double dutch : 이해하기 힘든 표현, 또는 두 개의 줄을 사용하는 줄넘기 놀이. Double dutch란 용어는 팝 전문가인 맬컴 매클레런이 1983년에 발표하여 히트한 동명의 싱글 앨범 덕분에 세계의 주목을 받게 되었다.

Double double toil and trouble, fire burn and cauldron bubble : "고난도 두 배 재앙도 두 배. 불길아 타올라라. 가마솥아 끓어라." 「맥베스」 4장 장면 1에서 세 명의 마녀가 외운 주문.

Double or quits : 배팅에서 잃은 돈을 되찾기 위한 좋은 방법, 또는 더 잃는 방법.

Double time : 근무 외 수당(평소의 두 배), 또는 템포를 두 배 빠르게 하는 것을 의미하는 음악 용어. 종종 군인들의 행진 속도를 두 배 정도 빠르게 할 때 사용한다.

Doppelganger : 'double-walker'를 의미하는 독일어로, 꼭 빼닮은 사람을 뜻한다. 원래는 똑같이 생긴 유령을 뜻하는 단어였다.

감응성 정신병(Folie a deux) : 가까운 두 사람이 공유하는 망상. 전형적인 형태는 이넉(Enoch)과 볼(Ball)의 논문에 나오는 마거릿과 그녀의 남편 마이클의 희귀성 정신 증후군이다. 이 부부는 유사한 피해망상을 가지고 있었는데, 예를 들어 집에 들어오는 사람들이 먼지와 보풀을 날린다고 생각하여 "그들의 신발을 벗겼다."고 한다.

호사가들이 가장 선호하는 숫자인 3은 과학과 예술에서도 매우 특별한 숫자다. *3은 유대(solidarity), 균형(balance), 완성(completion)을* 나타낸다.

❝ 이제 천국까지 세 계단입니다.
듣기만 하면 분명히 보일 것입니다. ❞

에디 코크런의 '천국까지 세 계단' (1960)

*

우리 조상들은 숫자 3을 매우 좋아했고, 성서나 신화에도 자주 쓰였다. 기독교에는 성부와 성자와 성령의 삼위일체가 있다. 이슬람교에는 메카와 메디나, 예루살렘이라는 세 개의 성스러운 도시가 있다. 음과 양에서는(숫자 2 참조) 하늘과 땅이라는 양립할 수 없는 양쪽이 인간이라는 제3자에 의해 균형을 이룬다. 도교에는 신선이 사는 세 궁전을 일컫는 '삼청'이 있다(태청, 상청, 옥청-옮긴이).

브라마, 시바, 비슈누는 힌두교의 세 대신(大神)이고, 부처, 달마, 승가는 불교의 세 보물이다. 북유럽 신화에서는 실로 사람들의 운명의 천을 짜는 세 명의 여신인 우르드, 베르단디, 스쿨드가 나온다.

*

3을 선호하는 이유 세 가지 이유가 있다

1 이야기 작가들은 특정한 숫자의 조합에 지배를 받는다. 한 명은 영웅, 즉 고독한 사람이기에 대화와 협동을 이끌지 못한다. 두 명은 사랑이나 경쟁 관계다. 따라서 사랑 없이 서로 상호작용을 하며 한 단위로 움직이려면 세 명이 기본이며 가장 단순한 선택이 된다. 또한 전형적인 삼각관계처럼 둘 사이의 논쟁에서 제3자가 균형을 잡아 주는 것도 극적인 이야기가 될 수 있다.

2 사람들은 동시에 어떤 일을 함께 하려 할 때, 예를 들면 옷장을 같이 들기 전에 셋을 센다. 리듬을 타기 위해서는 셋을 세는 것이 필요하고, 이를 통해 동시에 옷장을 들어 올릴 수 있다. 달리기 시합에서도 전통적으로 세 부분으로 구분된 신호가 있다. 위치로, 준비, 출발! 하지만 근대의 경기는 '준비' 부분을 생략하고, '위치로' 다음에 '탕' 하는 총소리로 바로 시작한다.

3 한 남자가 다섯 개는 빨간색, 다섯 개는 파란색 짝으로 총 다섯 켤레(10짝)의 양말을 서랍 속에 넣어두었다. 남자는 저녁 만찬을 위해 옷을 차려입을 때, 방 안의 밝은 전등으로 인해 양말의 색을 구분하지 못한 채 몇 개를 꺼내어 아래층에서 확인해 보기로 하였다. 맞는 짝을 가지고 오기 위해서는 몇 짝의 양말을 서랍에서 꺼내 와야만 할까? 정답은 세 짝이다. 처음 두 짝의 색이 다르다면 세 번째 짝은 확실하게 처음의 두 짝 중 하나와 맞기 때문이다. 만약 처음 두 짝이 같은 색이었다면 그것으로 된다. 이것은 "세 번째는 성공하는 법이다(third time lucky)."라는 말의 좋은 예라 할 수 있다.

여러 가지 3

- 아기 돼지 삼형제
- 〈분수 속 동전 세 개(Three Coins in the Fountain)〉(영화 제목)
- 염소 세 마리
- 미슐랭 평점 별 3개 : 레스토랑 가이드에서 최고 평점
- 세 마리 눈 먼 쥐
- 곰 세 마리
- 삼총사
- 「맥베스」의 세 마녀
- 세 가지 미덕 : 믿음, 소망, 사랑
- 세 명의 동방박사
- 'Three Times a Lady' (노래 제목)
- 세 가지 아름다움 : 미, 환희, 원기
- 삼진 아웃(Three Strike Out)
- 「한 배에 탄 세 사나이(Three Men in a Boat)」(소설 제목)
- 3대 테너 : 루치아노 파바로티, 플라시도 도밍고, 호세 카레라스
- 〈세 정보원(The Three Stooges)〉(텔레비전 시리즈 명)
- 〈세 친구(The Three Amigos)〉(영화 제목)

3, 3, 3

셋은 다각형을 만들기 위한 변의 최소 개수이다. 삼각형에는 세 종류가 있다. 부등변 삼각형(모든 변의 길이가 다름), 이등변 삼각형(두 변의 길이가 같음), 정삼각형(모든 변의 길이가 같음).

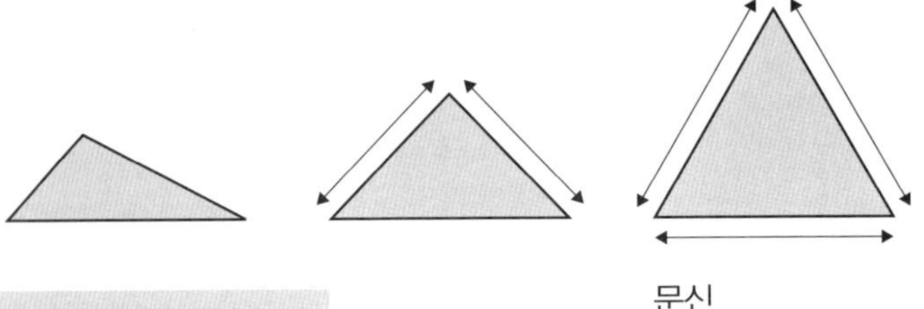

3태성(Three star)

자연에서 볼 수 있는 3의 탁월함은 숫자 3에 대한 우리의 해석에도 많은 영향을 끼쳐 3이 완벽을 나타내는 숫자로 자주 묘사되곤 한다. 3차원, 물질의 세 가지 기본 상태인 고체, 액체, 기체. 또한 천문학자들은 은하를 타원형과 나선형(또는 빗장 나선형), 불규칙의 세 가지 기본 모양으로 분류하였다. 타원형 은하는 약간의 가스와 먼지, 그리고 대부분이 오래된 별들로 구성되어 있다. 나선형 은하는 대량의 가스와 먼지 입자를 포함하고 있으며, 은하를 구성하는 별들의 나이는 제각각이다. 불규칙 은하는 가장 젊은 별들로 구성되어 있다. 다시 말해서 은하는 오래될수록 타원형에 가까워지고, 먼지 입자는 줄어들게 된다는 것이다.

문신

■ 갱들의 문화에서 숫자는 보통 갱의 명칭을 의미하는 암호로 그 중요성을 가진다. 예를 들어 Nortenos(에스파냐 어로 '북쪽 사람들'을 의미함. 캘리포니아 북부를 근거지로 한 히스패닉 갱단으로, 남부의 Surenos와 라이벌 관계다—옮긴이) 사이에서 14는 문신으로 두루 사용되는데, 이는 N이 알파벳의 14번째 글자이기 때문이다. 18은 극우파들이 숭배하는 숫자다. 숫자 1과 8이 각각 아돌프 히틀러의 머리글자인 알파벳 A와 H에 대응되기 때문이다. 하지만 그중에서도 가장 인기가 있는 것은 삼각형 안에 있는 세 개의 점 문신이다. 이 문신은 히스패닉 갱단의 일원에게서 주로 볼 수 있는데, '나의 미친 삶(Mi vida loca)'을 의미한다고 한다. 똑같은 모양이지만 동남아시아 인에게 이 문신은 '난 거리낄 것이 없어(To o can gica)'라는 뜻을 가지고 있다.

중국에서는 3은 '살아 있다'와 같은 발음이기 때문에 행운의 숫자로 여긴다. 세 자리 숫자 역시 행운을 가져온다 하여 매우 선호한다.

3.14159 π

π 는 그리스 문자로 P지만 그 이상의 의미를 지니고 있다. π는 소수점 아래로 무한히 이어지는 무리수이긴하나, 일반적으로 소수점 이하 다섯 번째나 여섯 번째 자리 정도면 상당히 정확한 값이다.

π는 원이나 타원의 면적과 원주를 계산하는 데 쓰는 숫자이다('둘레'란 뜻의 'periphery'의 앞 글자 p에서 이름을 가져왔다). 원주의 길이는 π × 직경이고, 면적은 π × 반지름의 제곱이다.

그리스 인들은 π의 값을 쓰기 위해 사용하는 소수 표기법을 몰랐음에도 불구하고 원의 둘레와 면적의 계산법을 다 알고 있었다. 가장 근사치는 그리스의 수학자 아르키메데스가 발견했다. 아르키메데스는 π가 223/71보다는 크고 22/7보다는 작다고 함으로써 실제 π의 값에 매우 근접한 수치를 냈다.

π를 계산하기 위한 여정은 동양으로 옮겨왔다. 중국 송나라의 수학자 조충지(祖沖之)는 π의 값을 355/113보다 크고 22/7보다 작다고 하여 그 범위를 더욱 좁혔다.

이러한 수학자들의 집념은 1706년 영국 웨일스의 윌리엄 존스가 pi를 나타내기 위해 π란 기호를 최초로 사용하기 시작할 때까지 이어졌다.

π에 대한 갈망

2006년 10월 3일, 아키라 하라구치는 π의 숫자를 소수 100,000자리까지 기억하여 자신이 가지고 있던 세계 기록을 깼다. 일반 사람들은 소수 열 번째 자리까지 외우는 것도 너무 어렵기 때문에, 각 단어의 글자 수를 이용해 암기하기도 한다. 예를 들면 'How I need a drink, alcoholic of course, after the heavy lectures involving quantum mechanics'는 π를 15자리까지 알려 준다. 1996년에 마이크 키스는 「Cadeic Cadenza」라는 단편을 썼는데, 단어를 π의 3,834자리 수까지 정확하게 늘어놓았다고 한다.

4

테이블이나 의자, 황소와 같은 동물의 다리 수인 4는 대칭과 균형의 숫자이며, 집단이나 과학적 탐구에서 선호하는 숫자이다.

> **"** 네 개의 적대적인 신문은 천 개의 총칼보다 무섭다. **"**
>
> 나폴레옹 보나파르트

등과 대칭의 숫자인 4는 이야기에서 중요한 역할을 한다. 첫 번째로 나오는 소수가 아닌 숫자이자 2의 제곱인 4는 임의의 숫자로 쓰기에는 너무 평범하다. 그 대신 4는 자연 세계를 가지런히 정돈하여 나누는 목적으로 쓰인다. 사방팔방, 동서남북, 4계절, 하루의 네 부분(아침, 점심, 저녁, 밤). 그리스 인들은 흙, 공기, 불, 물의 4대 원소를 정의하였다. 4는 일반적으로 균형 감각을 반영하지만, 중국에서는 여기서 더 나아가 세상을 여덟 개로 구분한다(숫자 8 참조). 사실 4는 극동 지방에서 죽음을 나타내는 불행한 숫자이다. 또한 중국인들은 그리스 인들이 정의한 4대 원소 대신에 불, 나무, 물, 금속, 흙의 5개를 사용한다.

4/4박자는 음악에서 한 소절 당 네 박자를 나타내는 가장 일반적인 리듬이다. 4까지 세는 것은 밴드가 음악을 시작할 때 쓰는 일반적인 방법이다. 레이몬스(Ramones)와 크래시(Clash) 같은 1970년대의 펑크 밴드들은 기존 음악에 대한 반항의 상징으로 이 박자를 사용했다.

4명의 기사

신화에 등장하는 가장 유명한 숫자 4는 요한계시록 6장에 나오는 네 명의 기사다. 4인의 기사들은 여러 가지로 해석된다. 유일하게 이름 붙여진 기사는 '죽음(death)'뿐이고, 나머지 3인에 대해서는 해석이 분분하다. 정복(Conquest)과 전쟁(War)은 결국 같은 결말에 도달하겠지만 일반적으로 정복, 전쟁, 기근(Famine)이 받아들여지고 있다. 페스트나 역병으로 묘사되기도 하지만 명확한 의미를 추론하기는 어렵다.

"내가 이에 보니 흰 말이 있는데 그 탄 자가 활을 가졌고 면류관을 받고 나가서 이기고 또 이기려고 하더라. 둘째 인을 떼실 때에 내가 들으니 둘째 생물이 말하되 오라 하더니 이에 붉은 다른 말이 나오더라. 그 탄 자가 허락을 받아 땅에서 화평을 제하여 버리며 서로 죽이게 하고 또 큰 칼을 받았더라. 셋째 인을 떼실 때에 내가 들으니 셋째 생물이 말하되 오라 하기로 내가 보니 검은 말이 나오는데 그 탄 자가 손에 저울을 가졌더라. 내가 네 생물 사이로서 나는 듯하는 음성을 들으니 가로되 한 데나리온에 밀 한 되요 한 데나리온에 보리 석 되로다. 또 감람유와 포도주는 해치 말라 하더라. 넷째 인을 떼실 때에 내가 넷째 생물의 음성을 들으니 가로되 오라 하기로 내가 보매 청황색 말이 나오는데 그 탄 자의 이름은 죽음이니 음부가 그 뒤를 따르더라. 저희가 땅 사분 일의 권세를 얻어 검과 흉년과 죽음과 땅의 짐승으로써 죽이더라."

「요한계시록」 6장 2~8절

유명한 4

전설의 네 명(비틀즈) : 존 레넌, 폴 매카트니, 조지 해리슨, 링고 스타

4대 복음서(공관 복음) : 마태복음, 마가복음, 누가복음, 요한복음

더포탑스(The Four Tops) : 1956년 미시간 주 디트로이트 시에 설립된 모타운(Motown : 디트로이트 시의 흑인 레코드 회사) 소속의 그룹. 멤버는 레비 스텝스, 레날도 오비 벤슨, 로렌스 페이턴, 압둘 듀크 파커로 구성되어 있고, 가장 히트한 곡은 1966년에 발표한 'Reach Out I'll Be There'이다.

장칭 4인방 : 네 명의 중국 공산당 지도자. 마오(毛澤東) 주석의 부인인 장칭(江青)을 포함한 장춘차오(張春橋), 야오원위안(姚文元), 왕훙원(王洪文)의 네 사람을 일컫는다. 1960년대 나라 전체를 내전 직전까지 몰고 갔던 '중국 문화 혁명'을 조장한 혐의로 마오 주석 사후 1976년에 체포되어 처벌을 받았다.

■ **1마일에 4분** - 1954년 3월 6일 전까지 1마일(약 1.6km)을 4분 안에 주파하는 것은 깰 수 없는 마의 벽과 같았다. 그런데 스물다섯 살의 영국인 의학도 로저 배니스터가 1마일을 3분 59.4초에 주파했다. 그리고 50년 뒤에는 모로코의 위대한 육상 선수인 히참 엘 구에로에 의하여 3분 43.13초까지 기록이 단축되었다.

□ 골프 선수들이 좋아하는 긴 반바지 형태의 골프 바지는 니커 바지(knickerboc kers : 무릎 선까지 오는 느슨한 반바지)보다 4인치(약 10cm) 길기 때문에 'Plus-four'라고 한다.

■ '하루에 4계절(Four season in one day)'이란 표현은 호주와 뉴질랜드 해변의 날씨가 짧은 동안 극심한 변화를 보이는 것을 나타내는 말이다.

□ 사칙연산 : 더하기, 빼기, 곱하기, 나누기

■ 숫자 4가 들어간 영화 : 500편 이상의 영화 제목에 '4'가 들어간다.

□ 익살맞은 표현으로 언론계를 제4계급(Forth Estate)이라고도 한다. 나머지 3계급은 정치계, 법조계, 재경계다.

- 금기어(Four-letter word)
- 네 기둥 침대
- 4분 경보(냉전 시기 영국의 경보 시스템)
- 4손가락 손
- 카드놀이에서 네 종류의 패
- 교향곡의 네 개 악장
- 4계절
- 심장의 4심실

4, 포크, 패크스

건초용 갈퀴는 날이 두 개, 삼지창은 날이 세 개, 식사용 포크는 일반적으로 날이 네 개다. 영국에 포크를 처음 소개한 사람은 엘리자베스 여왕 시대의 토머스 코리엇이란 이름의 남자였다. 뻔뻔한 입신 출세주의자였던 코리엇은 영국 귀족들 사이에서는 조롱거리였기 때문에, 그 자신을 증명하기 위해 유럽 여행을 준비했다. 그는 여정의 대부분을 걸어서 이동하며 『코리엇의 미완성(Coryat's Crudities)』이라는 책에 자신의 모험을 세세하게 기록해 두었다. 바로 이 책에서 코리엇은 이탈리아(당시에는 이탈리아가 영국보다 상당히 앞섰다)에서 저녁 식사용 도구로 사용하던 포크를 소개했다. 또한 우산에 대해서도 언급했다.

현재 영국의 두 가지 중요한 상징으로 여겨지는 포크와 우산을 소개하는 데 큰 역할을 했음에도 불구하고 코리엇은 명성과 존경을 받기는커녕 왕실의 비웃음을 받았고, 책은 도용되었으며 노력에 대한 대가 또한 받을 수 없었다. 그래서 코리엇은 또다시 장도에 올라 1617년 인도에서 생을 마감했다.

당시에 영국에서 코리엇보다 더 못한 대접을 받았던 사람은 가이 패크스란 사람이다. 그는 1605년에 국회의사당을 폭파한 '화약 음모 사건'의 일원이었다.

패크스가 받은 형벌은 사지를 넷으로 찢어 네 곳에 걸어 두는 것이었다. 또한 그의 머리(5번째 부분)도 걸렸다. 사형을 당하기 전에 그는 수레에 매달린 채 거리로 끌려갔고, 불쌍하게도 그의 사지는 죽기 전에 절단되었으며, 더욱 불쌍하게도 눈앞에서 장기와 성기가 잘려 불태워졌다.

5

한 손의 손가락 개수이자 한 발의 발가락 개수로써, 숫자 5는 우리에게 큰 의미가 있다.

> **❝** 하나에 하나를 더하면 둘이고, 둘에 둘을 더하면 넷이다.
> 그리고 그러한 규칙을 안다면 다섯은 열이 될 것이다. **❞**
>
> 메이 웨스트

피보나치수열의 다섯 번째 숫자이자 맨눈으로 식별이 가능한 행성(수성, 금성, 화성, 토성, 목성)의 개수인 5는 우리 몸이 가진 감각의 개수이기도 하다. 또한 대양의 개수이고, 고대 중국인들과 인도인들에 의하면 세상을 구성하는 원소의 개수이기도 하다(숫자 4 참조). 또한 5는 일반적인 음악 밴드의 구성원 수, 어린이 모험 소설 속에서 아이들의 인원수(물론 에니드 블라이튼의 소설 『유명한 다섯』에서 다섯 번째 멤버는 티미라는 개였다) 뿐 아니라 올림픽 휘장의 고리 개수이기도 하다. 보통 시계 문자판은 5초와 5분 단위로 나뉘어 있고(숫자 12 참조), 잠깐 휴식 시간을 줄 때도 일반적으로 5분을 준다.

펜타곤

5는 펜타곤이라고 불리는 미국 국방성의 본부에서 중요한 숫자이다. 펜타곤은 오각형 모양으로 생겼을 뿐 아니라, '링(ring)'이라 불리는 환형(環形)의 다섯 개 동으로 구성되어 있고, 각 동은 지상 5층으로 되어 있다(지하는 2층). 상대적으로 낮은 건물임에도 불구하고 26,000여 명이 근무하는 세계에서 가장 넓은 사무 건물이라는 사실은 펜타곤을 더욱 경이적으로 만든다. 펜타곤의 모양에 큰 의미는 없지만 몇몇 공론가들은 그것이 튜더 로즈(Tudor Rose : 영국 튜더 왕가의 문장으로, 다섯 개의 꽃잎이 달린 장미 모양)와 관련이 있다고 주장한다. 사실 펜타곤은 두 개의 길과 인접하여 세워졌는데, 두 길은 자연스럽게 펜타곤의 두 변의 각도로 만난다.

유명한 5

The Jackson Five : 잭슨 파이브
〈모라는 이름의 다섯 사내(Five Guys Named Moe)〉 : 뮤지컬 제목
『Five Children and It』 : '모래요정과 아이들' 이라는 제목의 소설
〈Hawaii Five-0〉 : 1968년부터 1980년까지 방영됐던 미국 수사 드라마의 제목이자 동명의 주제곡 제목. 노래가 더 유명함.
〈The Fifth Element〉 : 제5원소(영화 제목)
Pleading the Fifth : 묵비권을 행사하다. 묵비권은 미국 헌법 수정 5조의 사항임.

광장 시장을 지나며
수많은 어머니들의 탄식
바로 그때 뉴스가 들려오고
우리는 5년을 울어야 하지.
데이비드 보위(영국의 록 가수)의 '5년'

5각형 별 또는 펜타그램(pentagram)은 기독교(일부 사람들은 예수님의 십자가의 오상을 상징한다고 믿는다)부터 악마 숭배(두 꼭짓점이 위로 향한 뒤집힌 펜타그램을 사용하여 기독교에 대한 도전을 나타낸다)에 이르기까지 신앙적인 면에서 매우 중요한 부분을 차지했다. 그리스의 피타고라스 신봉자들은 정상적인 펜타그램에 황금 비율(숫자 1.618…… 참조)이 나타나기 때문에 더욱 숭배한다.

■ 숫자 5는 음악 분야에서 자주 등장한다. 악보는 다섯 개의 선으로 이루어진 보표(譜表)에 그려진다. 5도 음정은 가장 '기분 좋은' 화음을 내는 음정으로, 바이올린을 조율할 때 쓰이는 음정(G, D, A, E)이기도 하다. 클래식의 5중주는 보통 첼로, 비올라, 두 대의 바이올린과 다섯 번째 악기(피아노나 오보에 등)로 구성된 현악 5중주를 말한다.

□ '제5열(Fifth Columnists)' 이란 용어는 제2차 세계 대전 당시에 유명해졌다. 자국에 충성을 가장하면서 적군을 위해 활동하는 위험인물을 뜻하는 말로, 1936년 에스파냐 내전 기간 중에 민족주의자인 에밀리오 몰라 장군의 라디오 연설에서 기원하였다. 몰라 장군은 네 개의 부대를 지휘해 마드리드로 진격하면서, 마드리드에 있는 자신의 지지자들을 '제5열' 이라 칭했다.

승리의 브이(V)

베토벤 교향곡 5번 C단조는 음악사에 가장 유명한 곡 중의 하나다. 만약 베토벤이 살아 있었다면 독일인들을 위해 연주되기를 바라지 않았겠지만 실제로 제2차 세계 대전 때 많이 연주되었다고 한다. 교향곡 5번은 유럽 전역에 윈스턴 처칠의 '승리의 브이'를 보급하는 데도 큰 역할을 했다. 그러면 어떻게 1827년에 죽은 독일 작곡가의 교향곡이 승리의 브이(V)를 상징하게 되었을까? 5가 로마 숫자로 V이기 때문일까? 그보다는 도입부의 네 음표, 즉, 세 개의 짧은 G와 긴 E플랫(♭)과 관련이 있는데, 이는 베토벤 교향곡 5번에서 쉽게 찾을 수 있다. 모스부호에서도 세 개의 짧은 점과 긴 장음은 글자 V를 나타낸다.

베토벤 교향곡 5번의 도입부는 라디오를 통해 처칠의 선전 캠페인으로 방송되었다. 그리고 강한 스타카토 리듬은 전 유럽을 사로잡았고, 독일 점령에 대한 저항의 의미로 울려 퍼졌다.

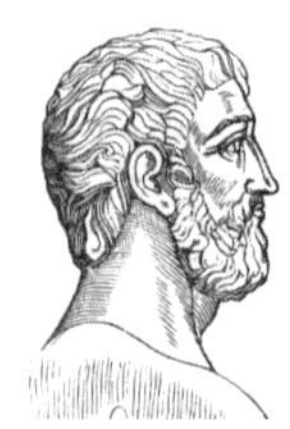

■ 그리스 철학자 플라톤은 규칙적인 형태의 다섯 개의 고체를 구성하는 고전적인 구성 요소들(흙, 공기, 불, 물)을 생각했다. 첫 번째는 네 개의 정삼각형으로 구성된 정사면체, 두 번째는 정사각형을 면으로 하는 정육면체, 세 번째는 정삼각형을 면으로 하는(나란히 있는 두 개의 피라미드와 같은) 정팔면체, 네 번째는 정오각형을 면으로 하는 정십이면체, 다섯 번째는 정삼각형을 면으로 하는 정이십면체다. 이것들은 플라톤의 정다면체라 알려져 있다.

제5의 미각 : 1987년까지 우리의 혀는 일반적으로 네 가지 기본적인 맛(단맛, 쓴맛, 신맛, 짠맛)을 감지할 수 있다고 알려졌다. 그러나 학자들은 향긋한 맛을 감지하는 새로운 미각 수용체를 발견했다. 이것은 제5의 미각에 대한 아시아 지역에서의 오랜 믿음을 확인시켜 주었다. 일본에서는 고기 맛이 나면서 향기롭고 감칠맛이 난다고 하여 '맛이 좋은 느낌'이라는 뜻의 우마미[旨味]로 알려졌다. 이 용어는 도쿄 제국 대학의 이케다 기쿠나에(池田菊苗) 박사가 1908년 고기와 치즈, 아스파라거스, 토마토에서 풍기는 맛을 찾으려고 시도한 끝에 처음 발견한 것이다. 그는 글루탐산나트륨(MSG, Monosodium Glutamate)을 생산하기 위해 연구를 계속했다.

다섯 개의 믿음

이슬람의 다섯 기둥은 무슬림들의 황금률을 가장 정확히 표현하고 있다.

★

첫 번째 기둥은 믿음이다. 신의 대리자인 모하메드를 제외하고 가치 있는 숭배는 없다. 이것은 신념의 선언 또는 샤하다(Shahadah, 고백)이다.

★

두 번째 기둥은 기도의 의무다. 이것은 메카 방향으로 얼굴을 향하여 하루에 다섯 번씩 수행해야 한다. 기도하는 사람은 코란에 명시된 대로 행하되, 반드시 아랍 어로 기도해야 한다.

★

세 번째 기둥은 빈곤한 사람들에게 자선을 베푸는 것이다. 무슬림들은 집 또는 자동차와 같은 재산을 줄여 매년 재산의 40분의 1을 기부해야 한다.

★

네 번째 기둥은 라마단의 달 동안 행해지는 단식이다. 새벽녘부터 일몰 전까지 무슬림들은 음식과 물을 입에 대지 않고 단식을 행한다. 이것은 개인의 정화와 극기를 훈련하는 것이다.

★

다섯 번째 기둥은 메카로 가는 성지 순례(hajj)다. 물질적인 능력을 가진 무슬림들은 그들의 생애에 최소한 한 번은 성지 순례를 할 수 있기를 희망한다. 덧붙여 말하자면 사우디아라비아에서는 매년 2백만 명의 사람들이 메카를 방문하기 위해 예금을 찾는다고 한다.

★

유대교는 토라로 알려진 모세5경의 다섯 책을 기초로 한다. 이것은 「창세기」, 「출애굽기」, 「레위기」, 「민수기」, 「신명기」로 성경의 처음에 나오는 다섯 권이다.

6

언뜻 생각할 때 숫자 6은 매우 작은 수처럼 보이지만, 살짝만 들춰 봐도 당신이 생각한 것보다 훨씬 많은 영향을 끼치고 있는 숫자라는 것을 알 것이다.

> **왜 그럴까? 때때로 나는 아침 식사를 하기 전에 여섯 건 정도의 불가능한 일들을 믿어 왔어.**
>
> 루이스 캐럴의 『이상한 나라의 앨리스』

숫자 6은 터치다운으로 6점을 획득하는 미국 풋볼 경기만이 아니라 다른 운동 경기에서도 종종 볼 수 있는 수다. 스누커(snooker)에서도 분홍 공을 넣으면 6점을 획득하고 크리켓에서는 오버(over)당 한 볼러(bowler)가 투구할 수 있는 공의 수이다. 6은 모든 유기물의 기본 요소라 할 수 있는 탄소의 원자 번호다. 6이 1, 2, 3으로 나눠지는 첫 번째 수라는 점에서도 매우 특별한 수학적 성질을 가지고 있다는 것을 알 수 있다. 또한 숫자 6은 곳곳에 사용되는 12의 반이며, 삶의 많은 것들이 반 다스로 정돈된다는 것을 알게 될 것이다.

6피트 아래 : 전통적으로 관은 6피트 깊이에 매장된다.

주사위의 여섯 개의 면

기타의 여섯 줄 : E, A, D, G, B, E

6개의 점은 도미노에서 가장 높은 수다.

■ '버밍엄 6' 은 1975년 영국 버밍엄에서 술집 두 곳에 폭탄을 투척해 종신형을 선고 받은 여섯 명의 남자를 이르는 말이다. 그들에 대한 유죄 판결은 1991년에 번복되었다. 이 사건은 1993년 오스카상 일곱 부문에 노미네이트 된 영화 〈아버지의 이름으로(In the Name of the Father)〉의 소재가 되어 더 유명하다.

■ 지구에서 가장 종류가 많은 집단은 다리가 여섯 개인 곤충이다. 실제로 곤충의 종류는 확인된 것만 해도 100만 종이 넘으며, 다른 모든 동물 종을 합친 것보다 그 수가 많다고 한다.

□ 세계는 일반적으로 여섯 개의 큰 대륙으로 나눠진다. 여섯 대륙은 북아메리카, 남아메리카, 유라시아, 아프리카, 오스트레일리아(때때로 오스트랄아시아 또는 오세아니아로 불리기도 한다), 남극 대륙이다. 아메리카를 분리하고 유럽과 아시아를 각각 분리하여 일곱 대륙으로 구분하기도 한다.

* 선원들의 항해 기구 중의 하나인 'sextant'를 '육분의'라고 한다.
이것의 측정 비율이 60도, 즉 원의 6분의 1이기 때문이다.

완전수 6

6은 수학적으로 매우 특별한 성질을 지니고 있다. 6의 소인수들의 합과 곱이 다시 6이 된다는 것이다.

$$3 \times 2 \times 1 = 6$$

$$3 + 2 + 1 = 6$$

다른 숫자를 가지고 실험해 봐도 좋다. 아무리 곰곰이 생각해도 그런 숫자가 얼른 떠오르지는 않을 것이다. 6만이 가능하다. 사실 자신을 제외한 모든 소인수의 합이 다시 자신이 되는 경우는 6 이외에도 있지만 그 수가 그다지 많지 않다.

280이 그중 하나이고(14+7+4+2+1),

496은 다음 수이며(248+124+62+31+16+8+4+2+1),

8,123은 그다음이다(4,064+2,032+1,016+508+254+127+64+32+16+8+4+2+1).

이와 같은 수들을 '완전수(perfect number)'라고 한다. 위의 네 숫자는 그리스 인들이 찾아낸 것이다. 여기에 완전수 다섯 개가 더 있다.

33,550,336

8,589,869,056

137,438,691,328

2,305,843,008,139,952,128

2,658,455,991,569,831,744,654,692,615,953,842,176

1950년대 로큰롤 춤 중의 하나인 '식스카운트스윙(Six Count Swing)'의 별칭은 부기우기
(Boogie Woogie)이다.

연구에 따르면, 인터넷에는 수백만 개의 사이트가 있지만 대부분의 사람들은 평
균적으로 단지 6곳만 방문한다고 한다.

최고의 6

6번(Number 6) : 1960년대의 텔레비전 시리즈인 〈죄수〉에 출연했던 패트릭의 역할

디디어 식스 : 1984년 유럽 챔피언십에서 우승을 했던 프랑스 축구팀의 선수

캔사스 시티 식스(The Kansas City Six) : 피아노를 기본으로 한 재즈 밴드

여섯 단계의 분리(Six Degrees of Separation) : 미국의 존 게어가 제작한 연극으
로 전 세계인은 단지 여섯 명의 지인을 통해 연결될 수 있다는 이론에 기초하여 제작된 작품

『이제 우린 여섯이야(Now We Are Six)』 : '곰돌이 푸'의 작가인 밀른의 시집

〈6펜스의 반(Half A Sixpence)〉 : 1967년 토미 스틸과 줄리아 포스터가 주연한 고전
영화

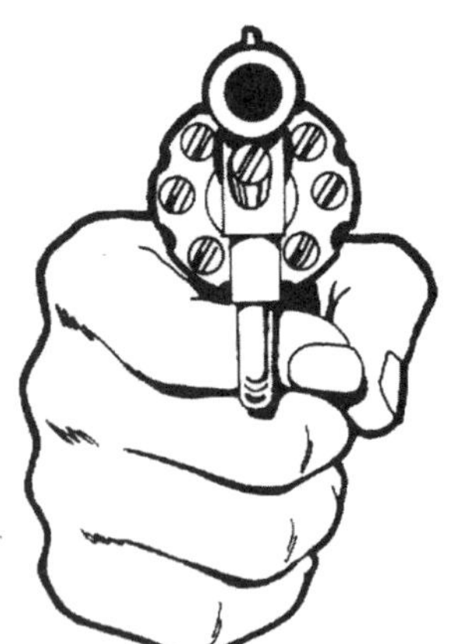

구식 연발 권총(six gun)으로 강도질을 하
면서 법에 대항했지만 법이 승리했다.
『나는 법과 싸웠다』의 작가
바비 풀러 포

'Six gun' 또는 'Six shooter'는 여섯 개
의 약실을 가진 구식 연발 권총으로 미국
서부 시대의 은어다.

원 주위의 6

6은 원과 기하학적인 특별한 연관성이 있다. 만약 당신이 그림과 같이 여섯 개의 똑같은 동전으로 같은 크기의 다른 동전 주변에 배치시킨다면 동전들이 서로 접하게 될 것이다. 동전들의 크기와 무관하게 6은 외곽을 둘러싸는 동전의 수다. 이것은 간단한 그림으로도 증명할 수 있다. 세 개의 동전을 서로 접하게 하여 중심들을 연결하면 정삼각형이 된다. 정삼각형의 내각은 60도이고, 원은 360도이므로, 한가운데에 있는 동전을 둘러싼 정삼각형과 원의 개수는 각각 여섯 개가 된다.

여섯 개의 쿼크 : 더 이상 작게 쪼갤 수 없는 입자를 소립자라고 한다. 소립자는 입자 물리학에서 우주를 구성하는 기본 요소로 간주된다. 물리학자들은 우주의 기본 요소를 세 가지 그룹으로 구분하는데, 그중 하나가 '쿼크(Quarks : 소립자를 구성하는 가상의 입자)'다. 쿼크는 위(up), 아래(down), 이상한(strange), 매혹(charm), 바닥(bottom), 꼭대기(top)의 여섯 이름이 있다. 과학 용어라는 것을 교묘하게 숨기고 있는 이 엉뚱하고 간단한 이름들은 당신을 혼동시킬 수도 있다. 그래서 이 용어들에서 벗어나 있는 그대로 사용해 보자. 또 '쿼크'라는 용어는 작가 제임스 조이스에 의해 처음으로 사용되었다. 그는 갈매기의 시끄러운 소리를 묘사하는 데 '쿼크'라는 용어를 사용했다고 한다.

헨리 8세의 여섯 명의 아내

아라곤의 캐서린(이혼)

앤 불린(처형)

제인 시모어
(아들을 출산하고 2주 만에 사망)

클리브스의 앤 (이혼)

캐서린 하워드(처형)

캐서린 파(생존)

7

얼마나 인기 있는 숫자인가? 숫자 7은 종교와 신화에서 자주 사용되고 있다. 그 이유는 무엇일까?

> **❝** 나는 거울 한 장을 깼고 7년 동안 운이 없었다. 그러나 나의 변호사는 거울 다섯 장을 가져다줄 수 있다고 생각한다. **❞**
>
> 스티븐 라이트(코미디언)

우리는 숫자 7이 종교와 신화에서 널리 사용되는 이유를 나름대로 추론할 수 있다. 이는 태양계에서 육안으로 관찰할 수 있는 '천체'가 일곱 개라는 사실과 관련이 있을까? (숫자 5에서 다섯 개의 행성과 더불어 태양과 달을 언급했었나?) 아니면 7의 선택이 단순히 무작위성에 근거한 것이라고 할 수 있을까? 짝수는 대칭성을 갖고 있고, 1은 유일하며, 3은 균형을 나타내고, 5와 9는 수학적 균일성을 내포하고 있다. 그러나 7은 어떻다 정의하기 어려우므로 실제로 사물의 불특정 수를 나타내는 데 적합한 수라고 할 수 있다.

예를 들어 일곱 개의 바다를 생각해

보자. 바다에서 오랫동안 일한 선원들은 지구상에 일곱 개 이상의 바다가 있다는 것을 안다. 지구상의 바다에는 북해, 아일랜드 해, 지중해, 카스피 해, 에게 해, 아드리아 해, 흑해, 홍해, 사해, 남중국해 등이 있다. 여기에서 7이란 수는 다른 많은 경우와 마찬가지로 '여러 개'라는 의미로 쓰인다.

무당벌레 중 가장 흔한 칠성무당벌레는 일곱 개의 점을 가지고 있다. 양 날개에 점이 각각 3개씩 있고 하나는 목덜미에 있다. 무당벌레의 종류는 매우 다양하고, 점의 개수도 2개에서 24개까지 복잡하다.

일주일은 7일

약 5000년 전, 바빌로니아 인들은 시간을 일출(하루)과 29일 정도 걸리는 달의 주기(대략 한 달)로 시간을 측정했다. 물론 바빌로니아 인들은 이보다 더 짧은 단위로 시간을 측정하는 방법을 원했다. 29는 소수이므로 그들이 할 수 있는 최선의 방법은 4로 나누어 7개의 묶음을 만드는 것이었다(28).

영어에서 요일 명칭의 대부분은 앵글로색슨 인들이 지었다. 그들은 로마 시대 신들의 이름을 그들의 언어로 변환하여 요일의 명칭을 정했다.

일요일(Sunday) : 태양에서 유래

월요일(Monday) : 달에서 유래

화요일(Tuesday) : 노르웨이의 전쟁 신 튜(Tiw)에서 유래했다. 이것은 로마의 전쟁 신의 이름인 마르스(Mars) 대신 사용되었다. 마르스는 현재 프랑스 어, 스페인 어 및 이탈리아 어에서 Mardi, Martes 및 Martedi로 그 어원이 남아 있다.

수요일(Wednesday) : 노르웨이의 최고의 신인 워덴(Woden 또는 Odin)에서 유래했다. 로마 인들은 머큐리(Mercury)로 불렀다[Mercredi(프랑스), Miercoles(스페인), Mercoledi(이탈리아)].

목요일(Thursday) : 북유럽 신화의 천둥의 신인 토르(Thor)에서 유래했으며, 로마에서는 주피터(Jupiter)로 대체되었다.

금요일(Friday) : 노르웨이 신화의 결혼과 가정의 여신인 프리가(Frigga)에서 유래했다. 로마에서는 사랑의 여신인 비너스(Venus)로 불렸다.

토요일(Saturday) : 시간과 추수를 상징하는 로마의 신인 새턴(Saturn)에서 유래했다.

■ 16세기 로마 가톨릭을 아시아에 전파한 에스파냐 선교사 프란시스코 사비에르는 "아이가 일곱 살이 되기 전에 맡기면 내가 사람으로 만들어 주겠다."라고 했다. 사비에르는 태어나서 처음 7년 동안에 사람의 인격이 형성된다고 믿었다.

☐ 많은 문화권에서 일곱 번째 아들의 일곱 번째 아들은 투시력이나 혜안을 갖고 태어난다고 믿어 왔다. 경우에 따라 아이는 매우 총명한 박사 또는 늑대 인간, 혹은 둘 다 될 수 있다고 했다. 따라서 보름달이 뜰 때 아이를 낳지 않도록 노력하라.

■ 몇몇 아메리카 원주민과 오스트레일리아의 쿨린(kulin) 사람들을 포함한 일부 문화권에서는 1년을 일곱 개의 계절로 구분한다.

☐ '오스틴(Austin) 7'은 가장 인기 있는 차종 중 하나였다. 1922년에서 1939년 사이에 영국에서 생산되어 300,000대 정도가 판매되었다. '로터스(Lotus) 7'(훗날 Caterham 7)은 텔레비전 시리즈였던 〈죄수〉에서 'No. 6'가 운전해서 더욱 유명해진 2인승 경주용 스포츠카였다.

★

미국 버지니아 주의 공원 경비원인 로이 설리번은 번개를 일곱 번 맞고도 기적적으로 살아남았다. 그는 1912년 2월 7일 저녁 7시에 태어났으며, 1983년 자신이 쏜 총에 잘못 맞아 그 상처로 죽었다.

7자매는 그리스 어로 플레이아데스로 알려진 별자리다. 그리스 신화에서 7자매는 아틀라스와 플레이오네의 딸들이다. 7자매의 출현은 아스텍 문명에서 '세기(Century)'가 시작되는 신호탄이었다.

인간의 7단계

이 세상은 온통 하나의 무대입죠,
그리고 남녀 모두가 한낱 배우인 셈이죠,
등장하는가 하면 퇴장도 합니다.
한 사람이 생전에 여러 역을 맡아 하는데,
일생을 일곱 막으로 나눌 수 있죠. 첫째 막은 아기 역.
유모 품에 안겨 침을 흘리며 보채는 역이죠.
다음 막은 심술쟁이 학동. 아침에 반짝이는 얼굴로 가방을
메고서 달팽이처럼 느릿느릿 마지못해 학교에 가는 역이죠.
그다음은 애인의 역. 용광로처럼 한숨을 내쉬며 애인의 눈
썹을 두고 청승맞은 글귀를 짓지요.
그다음은 군인 역. 해괴한 맹서만 잔뜩 늘어놓고, 표범처럼
수염을 기르죠. 명예욕에 불타고, 걸핏하면 핏대를 내어 싸
우는가 하면, 물거품 같은 명예를 위해서는 대포 아가리 속
에라도 뛰어들려고 하지요.
그다음 역은 법관. 두둑한 뇌물 덕분에 호의호식하여 배는
기름지고, 매서운 눈초리와 격식대로 깎은 수염, 금언이나
낡은 문구와 최근의 사례를 줄줄 늘어놓으며 배역을 해내지
요.
여섯 번째 막으로 바뀌면 슬리퍼를 신은 수척한 광대 노인
이 등장합지요. 콧잔등에는 안경을 걸치고 허리에는 돈주머
니를 차고 있지요. 젊었을 때 아껴 둔 바지는 줄어든 정강이
에 견주어 너무나 볼품없이 통이 크지요.
사내다운 목소리는 어린애들의 가는 목소리로 세 번이나 돌
아가서 피리 소리와 휘파람 소리처럼 들리지요.
별스럽게도 파란만장의 인생사의 종막은 제2의 유년기이지
요.
망각만이 남지요. 이도 빠지고, 눈도 안 보이고, 밥맛도 없
어지고, 모든 것이 다 사라져 버리지요.

윌리엄 셰익스피어의
〈좋으실 대로〉 중 2막 7장

7개의 숫자는 보통 사람들이 가장 잘 기억할 수 있는 숫자다. 휴대폰 번호를 종종 착각하는 것도 이 때문이다.

★

두바이에 있는 버즈 알 아랍 호텔은 배의 돛 모양으로 설계되었고, 세계 최초의 별 일곱 개짜리 호화 호텔이다.

★

음료수 세븐업(7Up)은 레몬 라임 맛의 탄산음료인 '빕 라벨 리티에 이티드 레몬 라임 소다'로 1929년에 찰스 그리그가 출시했다.

★

7은 원통형 물체(막대기 등)를 한 다발로 확실히 묶을 수 있는 가장 큰 숫자다. 숫자 6의 '6개의 동전'에서와 같이 더 큰 수를 이용하면 중앙부의 원통은 헐거워진다.

★

□ 거울을 깨면 7년간 불운이 닥친다고 한다. 하지만 깨진 거울 조각을 묻거나 개울에 던지면 저주는 풀린다.
■ 7년 전쟁은 윈스턴 처칠의 표현에

따르면 사실상의 첫 번째 세계 대전이다. 1756년에서 1763년까지 영국과 프로이센 그리고 하노버는 프랑스와 동맹을 맺었다. 반면, 오스트리아, 러시아, 스웨덴, 작센(독일 중동부에 있던 바이마르 공화국 시대의 자유주)은 또 다른 세력을 규합했다. 훗날 포르투갈과 에스파냐는 각각 영국과 프랑스의 편을 들었다.

제7천국

기독교에서는 한 주가 7일이 된 것은 조물주의 산물이라고 주장한다. 확실히 숫자 7은 유대교에서 자주 등장한다. 「창세기」에는 하느님이 세상을 7일 동안 만들었다고 한다. 그리고 히브리 어로 쓰인 「창세기」의 첫 번째 문장에서도 7에 대한 난해한 문장을 찾아볼 수 있다. 영어로는 "태초에 하느님이 천지를 만드셨느니라."라고 번역했다. 히브리 어에서 이 문장은 일곱 개의 단어와 스물여덟 개의 글자로 이루어져 있으며, 일곱 개의 그룹으로 분할되어 있다. 안식일은 한 주의 일곱 번째 날이다. 유대 인들은 일 년에 일곱 번의 명절이 있으며, 이 중 두 개인 유월절과 초막절(장막절이라고도 하는데, 유대 인들은 광야 생활을 기념하며 네 가지 곡식을 모아 놓고 감사 기도를 드린다. 일종의 추수감사절-옮긴이)의 기간은 각각 7일간씩이다. 예루살렘 신전에서 사용되는 메노라(Menorah) 촛대에는 일곱 개의 가지가 있는데, 가운데 한 개를 중심으로 양옆에 각각 세 개씩이 있다. 하느님을 상징하는 다윗 별 또한 여섯 개의 꼭짓점과 하나의 중심점을 갖는 형태다. 이와 같은 예는 얼마든지 있다.
유대교와 이슬람교에서 천국은 일곱 단계로 이루어져 있다고 한다. 이는 고대인들의 신앙의 대상이었던 7개의 천체와 관련이 있으며, 사후에 영혼이 여행하게 되는 단계라고 믿어 왔다. 근원이 무엇이든 간에 일반적으로 일곱 단계의 천국은 천상의 기쁨을 표현하는 단계로 간주되었다.

7가지 죄악

정욕

폭음

탐욕

질투

분노

나태

자만

순결

절제

관대

자비

친절

열성

겸손

7가지 덕행

세계 7대 불가사의

이집트 기자의 쿠푸 왕의 피라미드

바빌로니아의 공중정원

에페수스의 아르테미스 신전

올림피아의 제우스 신상

할리카르나소스의 마우솔레움

로데스의 거대한 조각상

알렉산드리아의 파로스 등대

각 대륙에서 가장 높은 7개의 산의 명칭

칼스텐츠 피라미드 : 4,884m	오세아니아
빈슨 산 : 4,892m	남극
엘브루스 산 : 5,642m	유럽
킬리만자로 : 5,895m	아프리카
매킨리 산 : 6,194m	북아메리카
아콩카과 : 6,962m	남아메리카
에베레스트 산 : 8,848m	아시아

숫자로 보는
아시아와 중동

아시아와 중동은 대륙의 면적이 가장 넓고 인구 밀도도 가장 높다. 또한 해발 고도의 범위도 다른 대륙에 비해 가장 크다(약 9256m).

면적

44,579,000km²

전체 지구에서 차지하는 면적비

30%

인구(근사치)

4,000,000,000명

인구밀도(Km²당)

90

최고 고도

에베레스트 산 8,848m

최저 표고

사해 409m(평균 해수면 아래)

가장 긴 강

양쯔 강 5,530km

기록상의 최고 기온

54℃(이스라엘의 티랏 츠비, 1942)

기록상의 최저 기온

−68℃(러시아의 오이메콘, 1933)

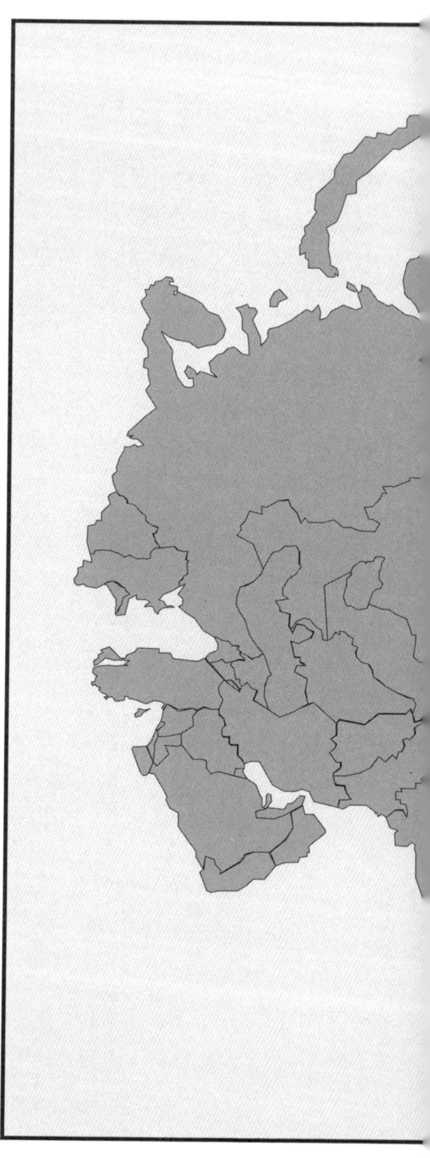

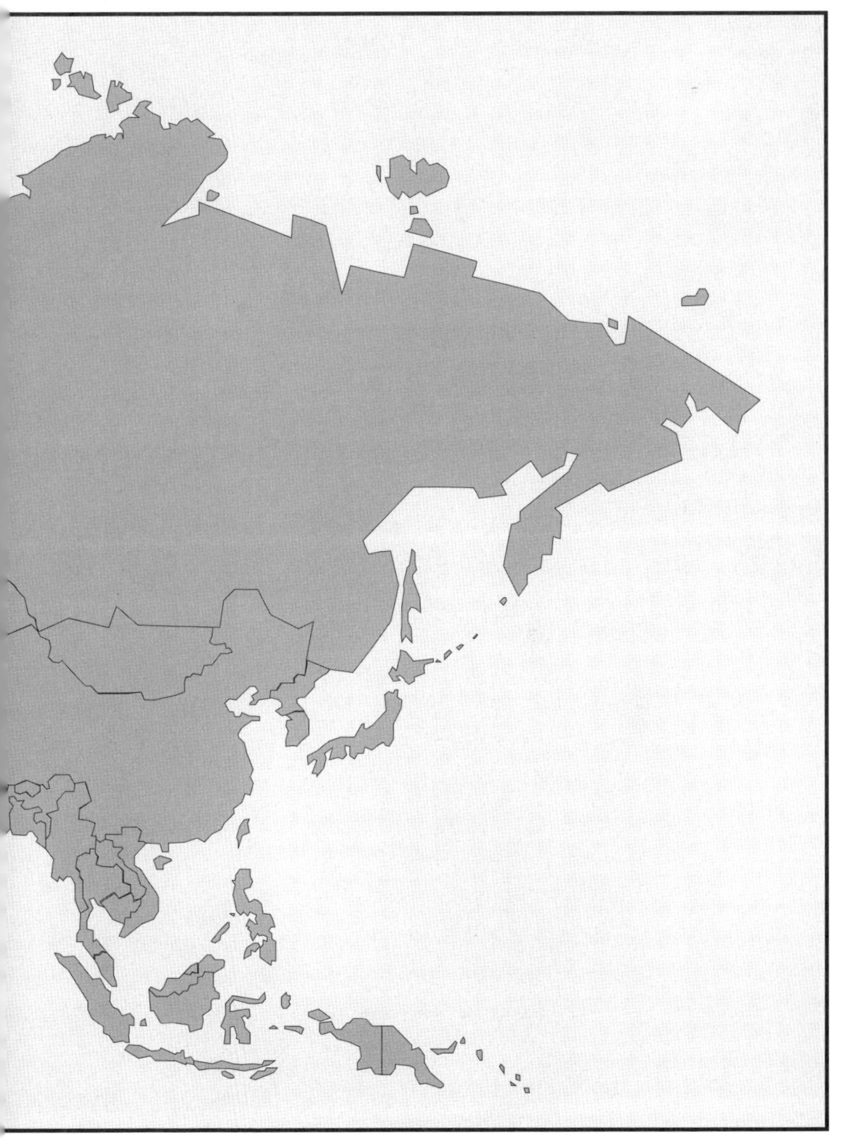

8은 초자연적인 것을 뛰어넘는 수학적인 숫자다. 이 숫자에는 종교나 신화적인 측면은 거의 없지만, 세상의 구성물과 그에 딸려 있는 대상들에 의해 반복적으로 언급된다.

> **〃** 그녀는 여덟 개의 언어를 구사할 수 있지만 그 언어들을 사용하여 '아니오' 라고 말할 수는 없었다. **〃**
>
> 도로시 파커

■ 거미는 전갈이나 진드기처럼 다리가 여덟개이다. 지구상에는 7,000종이나 되는 거미가 있다. 이름에서 알 수 있듯이 여덟 개의 다리를 가진 문어(Octopus)는 거미류가 아니라 두족류(다리가 몸의 맨 앞부분에 있으며 머리에 직접 붙어 있음-옮긴이)다. 게다가 문어는 심장이 세 개나 된다.

★

영어로 'two and eight' 은 '상태(state)' 를 표시하는 영국 토박이들의 속어다. "그는 좋은 상태에 있다(He's in a right two and eight)."

8은 영국에서 무게와 치수를 표시하는 체계로 많이 사용되는데, 10보다 더 작은 값으로 손쉽게 나뉘어지기 때문이다.

1컵(cup)은 8온스(ounce)

1갤런(gallon)은 8파인트(pint)

1부셸(bushel)은 8갤런(gallon)

1질(gill)은 8테이블스푼(tablespoon)

1헌드레드웨이트(hundredweight)는 8스톤(stone)

1마일(mile)은 8펄롱(furlong)

□ 음계는 여덟 개의 음표로 구성된다. 왜 7이 아닐까? 한 음계가 첫 음표의 옥타브(8번째 음표)를 포함하기 때문이다. 물론 일곱 개의 '자연' 음표가 있긴 하다(A, B, C, D, E, F, G). 그러나 올림표와 내림표까지 고려하면 총 열두 개라고 할 수 있다.

■ 태양계에는 여덟 개의 행성이 있다. 태양부터 순서를 나열해 보자.

수성(Mercury)

금성(Venus)

지구(Earth)

화성(Mars)

목성(Jupiter)

토성(Saturn)

천왕성(Uranus)

해왕성(Neptune)

명왕성(pluto)은 아홉 번째 행성이었지만 국제천문협회의 새 정의에 따라 2006년 왜성으로 지위가 강등되었다. 사실 명왕성은 좀 더 큰 왜행성인 에리스(Eris)가 발견되면서 행성의 지위에 대한 논란이 계속 있어 왔다. 태양계에서 세 번째이자 가장 작은 왜행성 세레스(Ceres)는 화성과 목성 사이의 소행성대에서 선회하고 있다.

■ 럭비에서 8번 선수는 스크럼의 뒤에 위치한다. 이것은 유니폼에 선수들의 등번호를 표시한 어느 운동 중에서도 드문 위치다. 또 다른 예는 런던 템스 강에서 매년 개최되는 옥스퍼드 대학과 케임브리지 대학 간의 유서 깊은 조정 경기에서 찾아볼 수 있다. 각각의 보트에는 앞을 보고 앉는 키잡이(cox)와 여덟 명의 노 젓는 사람(rower)이 탄다. 1번과 8번의 위치에 앉는 사람을 각각 기수(bow)와 스트로크(stroke)라고 하며, 나머지 다른 사람들은 좌우 번갈아 가며 순번대로 위치한다. 당구에서 검은 공은 8번이다. 선수들은 일곱 개의 색깔 공을 당구대의 구멍에 넣은 뒤 마지막으로 8번 공을 넣어야 한다.

아 시 아 권 역 에 서 의 숫 자 8

서양의 민속과 종교가 숫자 7에 집착하는 것처럼 아시아에서 숫자 8은 특별한 의미가 있다. 한국, 중국 및 일본과 같은 극동에서는 8의 특별한 능력에 대한 독특한 믿음을 갖고 있다. 중국어로 숫자 8은 '번영'과 비슷한 발음이므로 이것은 가능성이나 행운의 의미와 연관된다. 또한 8은 태극팔괘의 구성 요소인 'Pakua' 또는 'Bagua'(팔괘)로 상징되는 중국 철학의 중심이다. 5,000년 전 중국 철학자들은 존재의 근원 요소와 팔괘를 통해 삼라만상이 변화하는 가운데의 정적인 상태를 체계화하기를 원했다. 그림의 중앙에는 음과 양의 상징인 태극이 위치하며, 그 주위에 일체 또는 분절된 3개의 괘가 연속적으로 배치된다. 하나의 선과 두 개로 분절된 선은 각각 음과 양을 의미한다. 각각의 괘는 선들의 조합으로 이루어지며(두 가지 방법으로 세 그룹을 만들면 총 여덟 개의 괘가 완성됨), 각각 특성을 지니고 있다. 기본 방위는 북, 남, 동, 서, 북동, 남동, 남서, 북서이며, 각각의 방위는 자연의 본질과 관련이 있다. 하늘, 강, 불, 천둥, 바람, 물, 산, 흙이 그것이다. 마찬가지로 감정과 개성, 남성미와 여성미, 여덟 명의 가족 구성

원(부모와 남녀 각각 3쌍의 아이들) 등도 있다. 괘는 무작위로 배치된 것이 아니다. 예를 들어 남쪽은 중국인들이 태양을 보는 방향이라 하여 불을 남쪽에 배치했다. 어머니는 대지와 연관시켰다. 그래서 팔괘는 '인생의 여정'을 나타내고 있고, 실용적이면서도 철학적으로 수많은 응용이 가능하다. 예를 들어 도시 설계 계획에 응용할 수 있고, 풍수지리와 무술에도 적용할 수 있다. 팔괘는 64선형(여섯 개 선들의 집단)으로 결합되어 중국의 위대한 3대 철학인 도교, 유교, 불교의 중심에 위치하는 '역경(易經)'의 근간을 이루고 있다.

숫자 8이 제목에 사용된 아시아 영화들

〈Eight Tales of Gold〉
〈Village of the Eight Tombs〉
〈Little Prince and the Eight-Headed Dragon〉
〈The Eight Hilarious Gods〉
〈Eight Diagram Pole Fighter〉
〈Eight Hours of Terror〉
〈The Invincible Eight〉
〈Housemaids from the Eight Provinces〉

이 영화들은 대한민국, 일본, 중국 또는 홍콩에서 제작된 것들이다. 이중 팔도(eight province)는 한국의 행정 구역 단위이다. 일본에서도 8은 '여러 개'라는 의미가 있다.

*

■ 8시종(時鐘 : 네 시간의 당직 시간을 알리는 것으로, 30분마다 1타점을 더해서 8타점에 이른다)은 선상에서 불침번이나 당직이 끝났음을 의미한다. 여기에서 "남을 여지없이 때려눕히다."라는 뜻의 'knock seven bells'가 유도되었다." 여덟 번의 벨이 울리면(knock out bells) 당신은 타인을 살해할지도 모른다.

□ V8 엔진은 양쪽에 각각 4개씩의 실린더가 V형으로 배치된 모양이다. 이런 배치는 좁은 엔진 룸에 고출력의 엔진을 탑재하기 쉽게 해 주었다. 1910년 프랑스의 기술자인 드 디옹이 V8 엔진을 처음으로 대량으로 생산한 뒤, 4년 뒤에는 캐딜락이 뒤를 이었다. 롤스로이스는 1904년 레가리미트에 V8을 처음으로 사용한 회사로 알려졌지만 세 대가 제작되었을 뿐이고, 현재는 한 대도 전해지지 않는다.

'8보다 하나 더(one over the eight)'라는 뜻은 군대에서 만들어진 용어로 '약간 과음하다'라는 뜻이다. 이것은 사람이 취하기 전까지 8파인트(약 4리터)의 술을 마실 수 있다는 가정에서 나온 것이다.

9

아라비아 숫자의 마지막 한 자리 숫자는 천상의 숫자인 7만큼 사람들의 상상력을 강하게 사로잡았다. 우리가 자궁에서 아홉 달을 보낸다는 사실 때문인지 이 숫자는 십중팔구 우리의 마음 속에서 연상되는 첫 번째 숫자다.

고양이의 목숨이 아홉 개라는 속담은 일반적으로 위기 상황을 회피할 수 있는 동물들의 능력을 표현한 것이다. 그러나 이 속담에는 보다 명확한 기원이 있다. 이집트 인들은 고양이를 신성시했고, 아홉 명의 신을 섬겼기 때문이다. 아랍 권(과거에 아랍의 영향을 받은 에스파냐도 포함)에서도 고양이는 일곱 개의 생명을 갖는다고 믿어 왔다. 이것은 마법이나 주술 의식과도 관련이 있다. 또한 숫자 9는 3의 세 묶음으로 표현할 수 있다. 1533년에 영국의 작가 윌리엄 볼드윈은 마녀가 고양이의 몸으로 아홉 번 환생한다는 내용을 담은 『고양이를 경계하라(Beware The Cat)』를 출판했다.

■ "점유한 자에게 9할의 승산이 있다." 또는 "빌린 것은 내 것이나 마찬가지다 (Possession is nine parts of the law)."라는 표현은 소유권에 대한 논쟁을 끝내는 의미로 쓰인다. 이러한 말이 법적으로 성립되는 것은 아니지만, 소유하고 있는 어떤 것을 지키는 것이 다른 사람에게서 빼앗아 오는 일보다는 훨씬 쉽다는 것을 의미한다. 즉, 가지고 있다는 것은 사실상 법적인 소유권만큼이나 유효하다는 뜻이다.

□ 'As bent as a nine-bob note' 란 표현은 어떤 사람이나 사물이 진실하지 않다는 의미의 영어 속어다. 'bob' 은 영국 화폐 단위인 '실링'을 나타내는 속어로, 1실링, 2실링에서 10실링까지는 쓰지만 독특하게도 9실링(nine-bob)에는 쓰지 않는다.

□ '9야드 전부(The whole nine yards)'라는 표현의 기원은 제2차 세계 대전으로 거슬러 올라간다. 당시의 전투기들은 27피트(약 8m) 길이의 탄약 벨트가 달린 기관총을 장착했다. 따라서 누군가에게 9야드(약 8m) 전부(the whole nine yards)를 주면 당신의 탄약은 바닥나게 될 것이다.

■ 미국 대법원은 아홉 명의 판사로 구성되어 있다.

9와 수학

숫자 9는 3의 제곱이며 행운의 숫자다. 그러나 숫자 9로 게임을 할 때 재미있는 결과를 얻을 수 있다. 9의 배수의 모든 자릿수를 더하면 9 또는 9의 배수가 된다. 실제로 한 자리 수가 될 때까지 계속해서 더하면 항상 9가 될 것이다. 하나의 쉬운 예로 증명해 보자.

$$9 \times 9 = 81 \ (8+1=9)$$

다음은 다소 복잡한 예다.

$$9 \times 137 = 1,233$$
$$(1+2+3+3=9)$$

그리고 매우 복잡한 예를 증명해 보자.

$$9 \times 3,641 = 32,769$$
$$(3+2+7+6+9=27 \ ; \ 2+7=9)$$

이처럼 매번 같은 결과를 얻게 될 것이다. 또 임의의 세 자리 수를 선택하여 큰 수에서 작은 수를 빼 보자. 중간에 위치한 수는 항상 9가 될 것이다.

$$542-245=297$$
$$861-168=693$$
$$954-459=495$$

얼마나 놀라운가! 다음은 9의 배수들이다.

$$1,089 \times 9 = 9,801$$
$$10,989 \times 9 = 98,901$$
$$109,989 \times 9 = 989,901$$
$$1,099,989 \times 9 = 9,899,901$$

두 개의 신비로운 수 9와 7을 곱하면 무슨 일이 일어나는지 살펴보자.

$$7 \times 9 = 63$$
$$77 \times 99 = 7,623$$
$$777 \times 999 = 776,223$$

이러한 패턴은 계속된다.

$$7,777 \times 9,999 = 77,762,223$$

중국인들은 전통적으로 생일 연회에 아홉 개의 그릇을 제공한다. 9는 장수를 뜻하기 때문이다.

신비로운 숫자 9

노르웨이 신화에서 이그드라실[Yggdrasil : 북유럽 신화에 등장하는 우주나무로 천계(天界)·지계(地界)·지옥을 뿌리와 가지로 연결한다는 거대한 물푸레나무—옮긴이]이라는 큰 나무는 아홉 개의 왕국을 연결한다. 나무 꼭대기(아스가르드, Asgard)에는 신들이 살고, 암흑과 사자(死者)의 세계인 뿌리(니플하임, Niflheim) 사이에는 헬(Hel, 저승의 여신)이 지배하는 지하 세계가 위치한다. 마야 인들의 지하 세계인 시발바(Xibalba)는 아홉 단계로 세 개의 영역이 있으며, 9단계인 메트날(Metnal)과 함께 가장 깊고 끝없는 침묵이 있는 매우 추운 영역이다. 사후 세계에 대한 서사시 『신곡』을 저술한 14세기 이탈리아 시인 단테도 숫자 9를 선택했다. 『신곡』에서 단테는 아홉 개의 동심원인 지옥과 구형인 아홉 개의 천국으로 인도된다. 각각의 단계마다 사탄과 천사의 지위가 다르다.

단테는 저승 세계인 하데스(Hades)에 대한 그리스 인들의 해석에 감명을 받았다. 하데스는 스틱스 강(Styx, 저승을 흐르는 강)을 건너서 도달할 수 있으며, 이 강은 하데스를 아홉 번 휘감고 있다고 했다.

또한 그리스 인들은 제우스와 므네모시네(기억의 여신)의 딸들이며 글자를 발명하고 예술을 승화시킨 아홉 명의 뮤즈(Muse, 학예의 여신)을 믿었다. 이들은 각각의 '예술'을 대표하고 이들을 전공하는 인간들에 의해 사랑을 받았다.

칼리오페 : 서사시	테르프시코레 : 춤과 합창
클리오 : 역사	에라토 : 사랑 시
에우테르페: 서정시와 음악	폴림니아 : 성스러운 시와 춤
탈레이아 : 희극	우라니아 : 천문학
멜포메네 : 비극	

스도쿠 9

스도쿠 사각형에는 각 면에 아홉 칸씩, 총 81개의 정사각형이 있다. 매일 암호 십자 낱말 풀이를 선택하여 도전하는 일본식 숫자 퍼즐은 21세기 초반에 세계적으로 선풍적인 인기를 끌었다. 규칙은 매우 단순하다. 9×9의 격자 안에 아홉 개의 3×3의 하위 격자가 있다. 그리고 몇 개의 숫자들(최근의 이론에 따르면 적어도 17개)이 미리 채워져 있다. 나머지 행과 열 격자 그리고 하위 격자에는 숫자 1부터 9가 한 번씩 겹치지 않게 채워져야 한다. 이것은 일련의 숫자를 나열하는 오락이다. 2005년 독일 드레스덴의 컴퓨터 과학과의 버트럼 펠겐하우어는 스도쿠 퍼즐에는 6,670,903,752,021,072,936,960가지의 서로 다른 순열이 있음을 알아냈다.

■ 멋있게 차려입었다는 영어 문구인 'Dressed to the nines'의 기원은 아무도 모른다.

□ '고양이의 아홉 개 꼬리(Cat 'O Nine Tales)'는 배에서 훈련시키는 데 사용하는 무시무시한 채찍이다. 휘두르면 살점이 떨어져 나가며 아홉 갈래의 채찍에 매듭이 있다.

■ 우지(Uzi) 9mm : 터미네이터가 선택한 무기 중 하나다.

□ 페데리코 펠리니의 대표작 〈8과 1/2〉은 1982년에 브로드웨이 뮤지컬 〈나인(Nine)〉으로 재탄생했다.

■ 비틀스는 1960년대 레코드로 특별히 제작한 '화이트 앨범'에 'Revolution 9'이라는 노래를 녹음했다. 노래는 단조로운 음조로 'Number nine, Number nine ……'을 반복한다.

중세 기사(騎士) 문학 작품에 자주 등장하는 9인의 역사적 영웅들

헥토르, 알렉산더 대왕
부용의 고트프리드
율리우스 카이사르
아서 왕, 여호수아
다윗, 유다 마카베오스
샤를마뉴 대제

10

양손의 손가락 개수인 숫자 *10*은 우리가 현재 사용하고 있는 수학적으로 가장 쉬운 계산 시스템의 기초가 되었다.

❝ *슬플 때는 1시간이 10시간이다.* **❞**
윌리엄 셰익스피어의 〈리처드 3세〉 2막 3장 중

숫자 10에 대한 실용성은 종교와 신화의 영역에서는 희소성이 있지만 기독교에는 유명한 일례가 있다.

가장 중요한 한 가지 예외는 구약성서의 「탈애급기」와 「신명기」에 묘사되어 있는 신이 이스라엘 민족에게 내린 명령인 10계명이다. 계명들은 신에 의해 두 개의 석판에 새겨졌으며, 모세가 시나이 산에서 들고 내려 왔다. 다음이 그것이다.

10계명

1. 한 분이신 하느님을 흠숭하여라.
2. 하느님의 이름을 함부로 부르지 마라.
3. 주일을 거룩히 지내라.
4. 부모에게 효도하여라.
5. 사람을 죽이지 마라.
6. 간음하지 마라.
7. 도둑질을 하지 마라 .
8. 거짓 증언을 하지 마라.
9. 남의 아내를 탐내지 마라.
10. 남의 재물을 탐내지 마라.

미터법과 십진법

무게와 측량치에 대한 미터법의 기준은 프랑스에서 처음 만들어졌다. 1789년 프랑스 혁명 이후에 시행했으며 나폴레옹에 의해 널리 사용되었다. 당시까지는 나라마다 다양한 단위 측정치를 사용하고 있었다. 미터법의 제도화는 나라 간의 물물 교역에 일관성을 갖게 했다. 19세기 말 대부분의 유럽 국가들은 미터법으로 전환했고, 20세기 말에는 미국을 포함한 소수의 국가만이 예외적으로 영국의 측정법을 따랐다. 흥미로운 사실은 토머스 제퍼슨 대통령이 1790년에 미터법을 제안했지만 의회에서는 기존의 영국식 측정법을 더 선호했다고 한다. 첫 번째 단위는 미터(metre, metric)와 그램(gram)이다. 측량의 표준 규격들은 국제단위계(System International d' Unites, SI)에 의해 법제화되었다.

프랑스 인들은 1분에 100초와 1시간에 100분인 미터 시계도 도입했지만 너무 혁신적이라 채택되지 못했다.

비슷한 단위의 변환이 세계 통화 시장에서도 일어났다.

십진법(Decimalization : 십진제 통화 시스템의 기본으로 변환)은 1710년에 루블 화가 100코페이카일 때 러시아에서 최초로 소개되었다. 미국에서는 무게와 측량법에서는 미터법을 배제했지만, 달러 화가 처음 선보인 1792년에 십진제 통화 시스템을 채택했다. 프랑스의 프랑 화는 미터법 환산 과정과 기존 방식을 병행했지만, 다른 많은 나라들은 대영 제국이 쇠락하던 20세기 중반까지 기존의 방식을 고수하다 이후 다수의 영국 연방 국가에서부터 십진제의 채용을 시작했다. 아일랜드와 영국은 1971년까지 십진법을 쓰지 않았다. 1871년에 일본은 십진제 통화인 엔화를 제정했고, 중국의 위안화 및 아랍의 디램 화도 동일한 시스템을 채택했다.

숫자 10

No 10 Downing street(런던) : 영국 수상의 공식적인 관저이자 유명한 관광지다. 이웃에는 누가 살고 있을까?

No 9 Downing Street : 추밀원과 수석 원내 총무의 집무실 입구

No 11 : 재무장관의 거처

No 12 : 총리의 홍보실

각 빌딩의 기능은 해마다 변한다. 예를 들어 No. 11은 No. 10보다 크다. 그래서 수상과 재무 장관의 거처가 바뀌는 일도 종종 있다. 둘 중 한 사람이 대가족인 경우이다.

■ '열 명 중 하나는' 란 뜻을 가진 'Decimate' 는 어떤 것의 10분의 1이 줄어드는 것을 말한다.

□ 10년은 미국 대통령이 집권할 수 있는 최대 기간이다. 미국 대통령은 대통령직을 한 번 연임할 수 있고(각 4년), 부통령직을 인수 받아 2년을 더 집권할 수 있다.

■ 권투에서는 다운된 뒤 10을 센다. 'Fight 202' 에서 위대한 복서 슈가 레이 로빈슨은 카운트를 세기 전에 대부분의 경기를 녹아웃으로 끝낸다.

□ Cloud 9 Plus 1 : 구름은 높이에 따라 세 부분으로 나뉘며, 다음과 같은 10종의 구름이 있다.

높은 구름
권운(Cirrus)
권적운(Cirrocumulus)
권층운(Cirrostratus)

중간 구름
고적운(Altocumulus)
고층운(Altostratus)
난층운(Nimbostratus)

낮은 구름
층적운(Stratocumulus)
층운(Stratus)
적운(Cumulus)
적란운(Cumulonimbus)

권리 장전

권리 장전은 미국 헌법 제1차 헌법 수정안의 10개 조이며, 정부의 권력으로부터 개인의 권리를 보호하기 위한 내용이 담겨 있다. 제임스 매디슨이 주도하여 1789년 9월 25일에 연방 의회에서 통과시켰으며, 1791년에 각 주의 비준을 얻었다.

1 미국 의회는 종교를 국교로 정하거나, 자유로운 예배를 금지하거나, 언론 또는 출판의 자유를 제한하거나, 인민이 평화롭게 집회할 수 있는 권리와 불만 사항의 시정을 위해 정부에게 진정하는 권리를 제한하는 것에 대한 법률을 제정해서는 안 된다.

2 통제가 잘된 국민군은 자유로운 주의 안보에 필요하기 때문에, 무기를 소장하고 소지하는 인민의 권리가 침해되어서는 안 된다.

3 평시에 군대는 어떠한 주택에도 그 소유자의 승인을 받지 아니하고는 숙영(宿營, 막사를 설치하는 것)할 수 없다. 전시라 할지라도 법률로서 정하는 방법에 의지하지 않고는 이와 같은 숙영을 할 수 없다.

4 부당한 수색 및 압수로부터 신체, 가택, 서류 및 재산의 안전을 보장 받는 인민의 권리를 침해해서는 안 된다. 또한 체포 및 압수 영장은 정당한 이유가 있고, 선서 또는 확약에 의하여 뒷받침되고, 특히 수색할 장소와 체포될 자나 압수할 물품을 기재하지 않고는 이를 발급해서는 안 된다.

5 누구든지 대배심에 의한 고발 또는 기소가 있지 아니하면 사형에 해당하는 죄나 파렴치죄에 관하여 심리를 받지 않는다. 단, 육군이나 해군에서, 또는 전시나 사면을 당하여, 복무 중에 있는 주 국민군에서 발생한 사건에 관하여서는 예외다. 누구든지 동일한 범행으로 두 번씩 생명이나 신체에 대한 위협을 받지 않으며, 어떠한 형사 사건에 있어서도 자기에게 불리한 증언을 강요당하지 아니하며, 누구든지 정당한 법의 절차에 의거하지 않고서는 생명, 자유 또는 재산을 박탈당하지 아니한다. 어떠한 사유 재산도 정당한 보상을 받지 않고 공공용으로 수용되지 않는다.

6 모든 형사 소추에 있어서 피고인은 범죄가 행하여진 주와 지구의 공정한 배심에 의한 신속한 공개 재판을 받고 또 사건의 성격과 이유에 관한 통고를 받을 권리가 있으며, 자기에게 불리한 증인과 대질 받을 권리가 있으며, 또한 자기에게 유리한 증언을 얻기 위하여 강제적인 수속을 하고 자신의 변호를 위해 변호인의 도움을 받을 권리가 있다.

7 보통법 상의 소송에 있어서 소송에 걸려 있는 가격이 20달러를 초과하는 경우에는 배심에 의한 심리를 받을 권리가 보호된다. 배심에 의하여 심리를 받은 사실은 보통법의 규정에 의하지 않고서는 미국의 어떠한 법원에서도 재심을 받지 않는다.

8 과다한 보석금을 요구하거나, 과다한 벌금에 처하거나, 또한 잔혹하고 이례적인 징벌을 가할 수 없다.

9 이 헌법에 측정 권리가 열거되는 것은 인민이 향유하는 그 밖의 여러 권리가 부인되거나 경시되는 것으로 해석해서는 안 된다.

10 이 헌법에 의하여 미국에 위임되지 않고 각 주에 금지되지 아니한 여러 권리는 각 주나 인민에게 유지된다.

숫자로 보는
유럽

미터법의 발생지인 유럽은 세계에서 인구 밀도가 두 번째로 높으며, 45개의 서로 다른 언어와 방언을 사용한다. 또한 유럽 인들은 세계에서 생산되는 와인의 60퍼센트 이상을 소비한다.

넓이

9,938,000Km²

지구 전체에서 차지하는 면적 비율

7%

인구

750,000,000

인구 밀도(Km²당)

75

최고 고도

엘브루스 산 5,642m

최저 고도

카스피 해 28m(평균 해수면 이하)

가장 긴 강

볼가 강 3,700km

기록상의 최고 기온

50℃(에스파냐의 세비야, 1881)

기록상의 최저 온도

−55℃(러시아의 우스츠슈츠고르)

11

숫자 11은 다섯 번째 소수이면서 같은 숫자 두 개로 이루어져 있다. 11에 1~9의 수를 곱하는 일은 매우 간단하며, 11을 제곱하면 끝자리 수는 항상 1이다. 많은 국가의 어린이들이 열한 살에 상급 학교로 진학한다. 또한 미국 역사상 가장 비극적인 날짜는 11일이다(9 · 11테러).

10과 12 사이에 위치하며 하나가 남거나 부족하다는 두 가지의 중요한 의미를 지니고 있으며, 특히 컬트 영화 〈이것이 스파이널 탭이다(This Is Spinal Tap)〉(1984)의 팬들에게는 더욱 특별한 의미를 부여할 것이다.

나이절(Nigel) : 너도 알다시피 우리가 무대에서 사용할 때는 이게 최고점이야. 근데 이건 정말 특별해. 이것 좀 보라고. 모두 11로 가잖아. 보드에 표시된 걸 봐. 11, 11, 11, 11.
마티(Marty) : 대부분의 앰프들은 10까지잖아.
나이절 : 그렇지!
마티 : 그럼 좀 더 큰 소리를 낸다는 거야? 얼마나 더?
나이절 : 음…… 한 단계 더. 그렇지?
〈이것이 스파이널 탭이다〉 중에서

□ 2001년 9월 11일(9 · 11), 아메리칸 에어라인 항공기 11편이 뉴욕의 국제 무역센터 북쪽 타워에 충돌했다. 숫자 11도 쌍둥이 건물의 상징이 아닌가.

아래 마법의 삼각형의 모든 변에 늘어선 숫자들의 합은 11이다.

$$2$$
$$3 \quad 5$$
$$6 \quad 1 \quad 4$$

★

■ 1960년 프랭크 시나트라, 딘 마틴, 새미 데이비스 주니어의 주연으로 제작되었던 영화 〈오션스 일레븐〉이 조지 클루니, 브래드 피트, 줄리아 로버츠의 주연으로 새로 만들어졌다. 여기에서 열한 명 일당의 주모자인 오션은 라스베이거스에 있는 카지노 세 곳을 털 계획을 세운다. 2004년 〈오션스 트웰브〉, 2007년 〈오션스 13〉 등이 차례로 제작됨으로써 조직의 규모도 점점 커졌다.

11시

11월 11일 11시는 제1차 세계 대전의 휴전을 기념하는 시간이다. 실제로 선언문은 새벽 5시에 연합군 최고 사령관인 페르디낭 포슈가 사유 철도 객차에 탑승하여 조인했으며, 6시간 후에 효력을 발휘했다. 1940년에는 아돌프 히틀러가 같은 철도의 객차를 이용해 프랑스로 하여금 평화 협정에 서명하도록 압력을 가했다.

제1차 세계 대전 기간인 1914년과 1918년 사이에 2천만 명에 육박하는 사람들이 생명을 잃었다. 이는 각 국가의 군인 사망자의 수를 1,000단위까지 추정하여 산출한 것이다.

아프리카(남아프리카 제외) 10,000명 · 오스트레일리아 59,000명 · 오스트리아-헝가리 922,000명 · 벨기에 44,000명 · 영국 659,000명 · 불가리아 88,000명 · 캐나다 57,000명 · 카리브 제국 1,000명 · 프랑스 1,359,000명 · 독일 1,600,000명 · 그리스 5,000명 · 인도 43,000명 · 이탈리아 689,000명 · 일본 300명 · 몬테네그로 3,000명 · 뉴질랜드 16,000명 · 포르투갈 7,000명 · 루마니아 336,000명 · 러시아 1,700,000명 · 세르비아 45,000명 · 남아프리카 7,000명 · 터키 250,000명 · 미국 59,000명

당신이 만약 무언가를 11시까지 남겨 둔다면,
당신은 최후의 순간까지 결정을 미룬 것입니다.

★

1969년에 닐 암스트롱은 아폴로 11호를 타고 최초로
달에 착륙했다.

★

일레븐지즈(Elevenses)는 오전 11시경에 먹는 가벼운 음식물이나 다과,
또는 오전의 휴식을 뜻하는 영국 특유의 표현이다.

12

**❝ 그럼 더 얘기할 게 남았나요? 여기 있는 열한 명은 그가 유죄라고 생각합니다.
당신을 제외하고 전혀 재고의 여지가 없어요. ❞**

영화 〈12명의 성난 사람들〉(1957)에서 7번째 배심원이 8번째 배심원에게

8번째 배심원인 헨리 폰다는 피고인이 무죄라고 생각하는 유일한 배심원이다. 결국 영화에서 그는 나머지 열한 명의 배심원을 설득하여 자신의 의견을 관철시키는 극적인 결론을 보여 주었다. 배심원에 의한 재판의 기원은 고대 그리스까지 거슬러 올라가지만 배심원 수를 열두 명으로 제한하는 규정은 북유럽 바이킹 시대에서 시작되었다. 이후 영국에서는 헨리 2세에 의해 법제화되었다.

열두 달

열두 달은 일 년을 의미하는 오래된 표현이다. '열두 달과 하루'. 일 년이 12개월인 것은 음력(평균 29.53일)이 태양력(365.24일)과 거의 일치하기 때문이다. 따라서 특정한 별들이 출현하는 시간에 따라 하룻밤을 12단계로 구분했던 수메르 인들에게 12는 아주 특별한 숫자였다. 이런 계산법에 맞추기 위해 그들은 낮 시간 역시 12단계로 나누었다. 로마 인들은 동이 틀 때부터 해가 질 때까지를 기준으로 하루하루 시간 단위를 정해 배분했기 때문에 시간의 길이가 계속해서 변했다. 해가 질 때부터 24시간의 주기가 시작된다는 단순한 시간 체계는 최초의 시계가 발명된 중세 이탈리아까지 계속되었다. 다른 예로 북유럽에서는 24시간의 개념보다는 이집트 인들이 사용하던 12시간이 두 번 반복된다는 개념을 선호했으며 그에 맞춰 시계를 만들었다. 그들은 시계 전면부에 매우 정교한

장치를 설치하여 정오 이후에는 매시간 반복되는 종소리를 울리지 않게 했다.

□ 천년을 유지될 것이라 예상했던 히틀러의 제 3제국 나치 정권은 단 12년 동안만 지속되었다.

풍력 12는 바람의 세기를 나타내는 보퍼트 풍력 계급 중 가장 빠른 속도를 나타낸다.

0 고요(Calm)

1 실바람(Light Air)

2 남실바람(Light Breeze)

3 산들바람(Gentle Breeze)

4 건들바람(Moderate Breeze)

5 흔들바람(Fresh Breeze)

6 된바람(Strong Breeze)

7 센바람(Near Gale)

8 큰바람(Gale)

9 큰센바람(Severe Gale)

10 노대바람(Storm)

11 왕바람(Violent Storm)

12 싹쓸바람(Hurricane)

■ 1995년에 만들어진 브루스 윌리스 주연, 테리 길리엄 감독의 영화 〈12 몽키즈〉는 남우조연상에 오른 브래드 피트를 포함하여 오스카상 두 개 부문에 노미네이트되었다. 촬영 당시 감독은 브루스 윌리스에게 연기해서는 안 될 것들의 목록을 만들어 주었다고 한다. 이를 '윌리스의 상투적인

연기' 라 불렀는데, 그중에는 '파란 눈의 냉정한 눈빛 연기' 도 있었다고 한다.

이스라엘의 열두 부족은 야곱의 열두 자식들의 후손이었다.

★

크리스마스 기간의 12일

★

예수의 열두 제자

★

1피트는 12인치

'(8월의) 영광스러운 열두 번째 날' 은 영국에서 뇌조 사냥 시즌의 개시를 의미한다.

13

숫자 13이 모든 숫자 중에서 가장 미신적인 의미를 가진 것은 유명한 심리학적 상태인 '13 공포증(triskaidekaphobia)' 과도 관련이 있다. 연구에 의하면 미국에서 해마다 '13 공포증' 으로 인한 결근과 예약 취소 사태 등이 나타나고 있으며, 이로 인한 손실이 천문학적인 액수에 달한다고 한다. 많은 고층 빌딩에 12층과 14층 사이의 층이 없으며, 어떤 고속도로에는 13번째 출구가 없다. 스포츠에서도 선수들의 유니폼 배번에 13번을 쓰지 않는다.

두 개의 유명한 스포츠 분야에서는 예외가 있는데, NBA 농구 선수인 윌트 체임벌린이 그중 한 사람이다. 그는 배번으로 13을 사용하였고, 그것이 상대팀에게 불운을 가져다준다고 주장했다. 또한 전설적인 미식축구 팀 '마이애미 돌핀스' 의 쿼터백인 댄 마리노도 13번을 사용했는데, 수많은 기록을 세웠음에도 불구하고 슈퍼볼에서는 한 차례도 우승하지 못했다.

$$13 \times 13 = 169 \quad \bullet \quad 961 = 31 \times 31$$
$$13 - 1 - 3 = 9 = 3^2$$
$$13 + (1 \times 3) = 16 = 4^2$$

십대들의 반항

아이들은 13세가 되면서 이상한 행동을 하기 시작하고 부모의 권위에 도전하기 시작한다. 아마도 13이라는 숫자가 두려움이라는 감정을 서서히 심어 주기 때문일 것이다. 이는 사춘기의 시작과도 깊은 관련이 있다. 현대에 와서 나타난 십대들의 문화는 1950년대 미국에서 시작되었고, 로큰롤과 더불어 제임스 딘이 출연한 영화 〈이유 없는 반항〉 등이 유행하면서 젊은이들 사이에서는 가정의 구속에서 벗어나 자유를 누리고 자신을 마음껏 표현하려는 욕구가 자라기 시작했다. 당시 20년간 미국에서는 청소년들의 비행이 급격하게 증가되었다. 유대교에서는 종교적 성년이 되는 나이가 13세이며, 소녀들은 12세이다.

13번 좌석

항공사들은 숫자 13에 특히 더 미신적이며, 그 점은 승객들도 마찬가지다. 그래서 좌석 중에도 13번째 줄이 없다(누구나 불운한 자리에는 앉고 싶어 하지 않는다). 또한 13번 비행기 편도 운항하지 않는다. 극동 지역의 몇몇 항공사에서는 4(죽음을 뜻하는 단어와 발음이 비슷함)번째 줄이 존재하지 않고, 대한민국의 인천 국제 공항에는 4번 혹은 44번 게이트가 없다. 역시 13번 게이트도 존재하지 않는다. 반면에 7번과 11번이 들어간 비행기 편은 행운의 상징으로 여겨지고 있다. 미국의 두 항공사는 라스베이거스 행 항공기로 777편과 711편을 운항하고 있다. 어쩌면 이것이 9·11 테러리스트들이 77번과 11번 항공기를 공중 납치한 이유일 수도 있다. 중국에서는 88편 비행기 편을 이용하려는 승객들이 상당히 많다. 이는 88이라는 숫자가 행운을 두 배로 가져다준다는 강한 믿음이 있기 때문이다. 반면에 통계적으로 191번 항공편은 피하는 편인데, 이전에 191편 항공기 2대가 충돌한 적이 있기 때문이다.

■ 인간의 몸에는 13개의 주요 관절이 있다. 팔다리에 각각 세 개씩 있고, 목에도 하나가 있다. 어떤 문화권에서는 '몸셈(body counting)'이라고 하여 이것으로 수를 세기도 한다. 손가락이나 발가락을 이용한 방법도 '몸셈'의 또 다른 형태다. 마야 문명에서 5, 13, 20 등은 수를 세는 기본 단위였다(숫자 20 참조).

□ 빵 한 다스에 들어 있는 13개의 빵(13 buns in a baker's dozen) : 13세기 영국에서 고객에게 거스름돈을 고의로 덜 준 제빵사들은 손을 자르는 형벌을 받았다. 이러한 일의 막기 위해 한 다스의 빵을 주문하면 한 개를 더해 13개의 빵을 주게 되었다(그 뒤 'a baker's dozen'은 '13'을 의미하게 되었다 – 옮긴이).

★

전통적으로 교수대로 향하는 계단은 13개다.

2.7년마다 12번이 아닌 13번의 만월 주기가 돌아오는데, 이는 어느 한 달에는 만월을 두 번이나 볼 수 있다는 뜻이다. 이 중 두 번째 만월을 '블루문'이라고 부른 데서 'once in a blue moon(아주 드물게)'라는 표현이 생겼다. 왜냐하면 달이 정신 착란과 월경 주기와 관련이 있고, 거기에 불운의 상징인 13이라는 수까지 더해졌기 때문일 것이다. 당시에는 월경 전의 심한 긴장 증세는 마녀의 낙인이 찍히기 직전의 전조로 여겨졌다.

14

14는 숫양, 어린양, 팔꿈치에 서 가운뎃손가락까지의 길이, 여인들 등의 숫자나 양을 표현하기 위해 성경에 종종 등장하는 숫자다. 그런데 이처럼 14라는 숫자로 표현되는 것들은 모두 사랑과 관련이 있다. 2월 14일은 밸런타인데이이며, 또한 셰익스피어의 낭만적인 소네트(sonnet)의 행수이기도 하다. 소네트의 형식은 언제나 똑같다. 약강(弱强) 5보격의 시행에 운율을 지닌 4행시 세 개가 있고 마지막 부분에 2행 연구(聯句)가 따라온다. 셰익스피어는 총

154개의 소네트를 썼으며, 그중 가장 유명한 것은 소네트 18번이다.

내 어찌 그대를 여름날과 비교할까요?
그대가 더 사랑스럽고 온화한데.
거친 바람이 5월의 사랑스러운 꽃봉오리를 흔들고
여름날의 기간은 너무나 짧기만 합니다.
천상의 시선은 너무나 뜨겁게 빛나고
그 황금빛 안색도 때때로 흐려집니다.
모든 아름다움은 점차 쇠퇴하고
우연히, 혹은 자연의 흐름에 따라 무디어집니다.
하지만 그대의 영원한 여름은 사라지지 않으며
그대가 지닌 아름다움은 잃지 않을 것이며
그대가 죽음의 그림자에서 방황하더라도 죽음은 자랑하지
못할 것입니다.
불후의 시 속에서 그대는 시간과 함께 할 테니까요.
인간이 살아 숨쉬고, 이 시를 볼 수 있는 한.

십자가의 길 14처

십자가의 길(Via Dolorosa)은 예수가 십자가형을 받고 죽어 간 길 중에서 중요한 곳을 기념하는 가톨릭의 종교 의식이다. 이 의식은 예루살렘을 출발하여 예수가 십자가에 못 박힌 골고다 언덕까지 14개의 주요 지점들을 거쳐 가는 성지 순례의 형태다. 성지 순례에 참여하지 못하는 사람들을 위해 14개 지점들에 대한 의미가 널리 알려졌으며, 특히 부활절과 사순절 기간에는 '십자가의 길 14처' 기도가 믿음의 상징처럼 되었다.

1 예수께서 사형을 선고 받다.

2 예수께서 십자가를 지시다.

3 예수께서 첫 번째 넘어지시다.

4 예수께서 어머니 마리아를 만나다.

5 키레네 사람인 시몬이 예수님 대신 십자가를 지다.

6 베로니카가 예수의 얼굴을 닦아 주다.

7 예수께서 두 번째 넘어지시다.

8 예수께서 울고 있는 예루살렘의 여인들을 위로하시다.

9 예수께서 세 번째 넘어지시다.

10 예수께서 옷 벗김을 당하시다.

11 예수께서 십자가에 못 박히시다.

12 예수께서 십자가 위에서 죽으시다.

13 제자들이 십자가에서 예수의 몸을 내려 성모님께 드리다(피에타).

14 예수께서 돌무덤에 묻히시다.

■ 프랑스의 루이 14세는 유럽의 왕들 중 72년이라는 가장 긴 기간을 통치했는데 네 살인 1643년에 즉위하여 1715년까지 프랑스를 통치했다.

피의 밸런타인

성 밸런타인데이의 대학살은 금주령이 시행되던 1929년 2월 14일, 시카고의 SMC 짐마차 운송 회사에서 악명 높은 갱들 간의 싸움에서부터 시작되었다. 알 카포네가 라이벌인 조지 벅스 모란의 조직원 일곱 명을 죽이라고 사주한 용의자로 지목되었지만, 이 사건의 진실은 결국 밝혀지지 않았고 그 누구도 재판을 받지 않았다. 두 명의 경찰과 두 명의 남자가 사건 현장을 떠나는 것을 본 목격자들은 그들이 시카고 경찰이며 총격 사건의 단서가 될 만한 것들을 말끔히 정리한 뒤에 현장을 슬그머니 빠져나간 것으로 추정했다. 그러나 사실은 그들이 경찰로 위장한 킬러였으며 희생자들에게 총을 머리 위로 들고 벽을 향해 돌아서게 했음이 틀림없었다. 결국 그 상태로 일곱 명의 조직원은 무자비하게 사살되었다.

> **❝** *제발 날 좀 내버려 둬.*
> *어디서든 내 집은 없어.*
> *내가 있었던 곳의 어디에서건*
> *5시 15분, 내 머리는 텅 비어 있지.* **❞**
>
> 더 후(The Who)의 '5:15'

위의 노래 가사는 1979년 영국에서 상영된 〈콰드로페니아(Quadrophenia)〉
에 수록된 곡이다. 5시 15분은 지미가 벨보이로 일하는 그의 영웅을 찾아 영
국 남부 브라이튼 행 기차에 탑승하던 시간이다.

★

15초는 고용주들이 구직자들의 이력서를 훑어보는 데
평균적으로 소요되는 시간이다.

★

망자의 함을 사이에 두고 15명의 남자들은 소리치며 한 병의 럼주를 마셨다.(《캐리비안의 해적》)

★

철학적으로 본 15

15분 후에는 아무도 무지개를 볼 수 없게
된다.

-요한 볼프강 괴테(독일의 극작가)

옛날은 항상 지금으로부터 15년 전이다.

-빌 코스비(미국의 코미디언)

나는 15세부터 술을 마시기 시작했지만
지금껏 술보다 나에게 더 기쁨을 주었던
것은 없었다.

-어니스트 헤밍웨이(미국의 작가)

미래에는 15분이면 모든 사람이 세계적으
로 유명해질 수 있을 것이다.

-앤디 워홀(미국의 예술가)

혁명은 단지 15년간 지속될 뿐이며, 당시 세대의 사람들에게만 유효하다.
─호세 오르테가 이 가세트(에스파냐의 철학자)

전설적인 15세기

15세기는 발견의 시대, 개척의 시대라고 불린다. 또한 평화로움과는 거리가 멀었던 시기다. 영국과 프랑스 간의 백년전쟁, 아쟁쿠르(Agincourt) 전투 및 잔 다르크의 순교, 비잔틴 왕국의 쇠퇴, 에스파냐 종교 재판소의 세력 강화, 중국의 새 수도로 베이징 확정, 영국의 절대 군주 제도를 흔들어 놓은 장미전쟁 등. 이러한 일련의 사건들 속에서 탐험과 혁신에 대한 열망이 강하게 일어났다. 에스파냐는 신대륙을 발견하여 식민지를 선언했으며, 명나라의 수군 제독 정허(鄭和)는 일곱 번에 걸친 대규모 항해를 통해 인도양 주변을 탐사하면서 서유럽과 인도를 연결하는 해상로를 구축했다. 이밖에도 15세기에는 르네상스 시대로 접어들어 예술, 과학, 음악 분야에 개혁 정신이 휘몰아쳤으며 최초의 활자 인쇄 기술과 콘돔이 세상에 알려졌다.

□ 'Fifteen'은 영국의 자선 사업가이자 주방장인 제이미 올리버에가 세운 자선 레스토랑의 이름이다. 그는 매년 빈곤층 실업자 15명을 고용하여 식당 일을 훈련시켰으며, 이러한 방식은 영국의 콘월과 네덜란드, 오스트리아 등지에도 널리 퍼졌다.

■ 마법 사각형에서 15는 마술과 같은 수다. 마법 사각형은 3×3 행렬로 이루어진 정사각형으로 모든 줄의 숫자를 더하면 15가 된다.

$$8 \quad 1 \quad 6$$
$$3 \quad 5 \quad 7$$
$$4 \quad 9 \quad 2$$

3×3 행렬로 만들 수 있는 마법 사각형은 여덟 종류가 있다.

★

숫자 15는 케이크의 기원과도 밀접한 관련이 있다. 북아일랜드에서는 15개의 마시멜로와 15개의 디저트 용 쿠키, 그리고 설탕 절임을 한 체리 5개, 농축 우유 2/3컵, 건조 코코넛 1컵을 사용하여 케이크를 만들었다.

★

15는 혼자 할 수 있는 카드 게임인데 한 번에 16개의 카드를 배치하고 카드 숫자를 합하여 15가 되는 카드들을 치우면서 진행한다.

16

세계적으로 16세는 어른이 되는 첫 번째 단계라고 한다. 이 나이엔 학교를 졸업하고 취업을 하기도 하고, 나라에서 동의를 하면 합법적인 결혼을 할 수도 있는 나이다. 어떤 곳에서는 16세가 되면 운전이 가능하다. 따라서 16세는 작사가들의 상상력을 사로잡은 나이인 것이다. 척 베리부터 줄리 앤드루스까지 매력적인 16세에 대한 노래를 불렀다.

더블 16은 다트 게임에서 가장 보편적으로 게임을 끝낼 수 있는 방법이다. 16은 8의 바로 옆에 있기 때문에 만약 더블을 맞추지 못하더라도 16에 꽂히게 되며 다음번엔 바로 옆에 붙어 있는 더블 8을 맞추면 된다.

체스에서 선수들은 각각 16개의 말을 사용한다.

■ 잡지는 보통 16~32쪽 분량의 묶음들로 출판된다. 종종 그 묶음들은 커다란 한 장의 종이를 여러 번 접는 방식으로 만들어지기 때문에 4의 배수가 된다. 종이를 한번 접으면 4면, 즉 4쪽이 만들어진다. 잡지의 표지 부분은 별도의 4쪽으로 인쇄하는데, 다른 부분에 비해 고급 재질의 종이에 인쇄하기 위험해서이다. 이때, 묶음의 크기가 커질수록 더 경제적이기 때문에 잡지의 나머지 부분은 묶음 당 16 혹은 32쪽을 갖게 된다.

★

1파운드 =16온스

★

16은 나침반상의 눈금 개수다.

★

16시간

우리는 보통 하루 중 열여섯 시간을 깨어 있다. 사자는 이의 4분의 1인 4시간 정도만 깨어 있을 뿐이다. 캘리포니아 버클리 대학의 연구 결과에 따르면 대부분의 미국인들은 이 시간 중 세 시간 정도는 텔레비전을 보면서 보내고, 1시간 40분 동안은 운전을 하며, 운동을 하는 시간은 20분 이하인 것으로 나타났다. 노동 통계청의 연구에 따르면 그 외에 다음과 같은 일들을 하는 것으로 나타났다.

식사	1시간 15분
가사 및 요리	1시간 50분
쇼핑	40분
사교활동 및 잡담	45분
운동	17분 30초

M16은 세계적으로 가장 널리
사용되는 5.56mm 구경의 자동 소총이다.

*

중국에서는 수를 셀 때 엄지로 각 손가락의 끝과 세 마디들을 짚어 가면서 세기도 하는데, 이렇게 하면 한 손으로 16까지 셀 수 있다.

*

웹 디자인에서 색깔은 기본 16진수로 코드화된다. 표준 RGB(빨강, 초록, 파랑) 값들(각 0~225)을 선택하고 숫자 0~9와 문자 a~f를 사용하여 16진수로 변환한다.
예를 들어, 노랑은 RGB 값 255, 255, 0을 갖는다. 이것의 웹 컬러 값은 FFFF00이다.
16진수에서 255 = 1515[(15x16)+(15x1)]이다. 15는 F로 표현된다.

17

십대 소녀들을 열광적으로 사로잡았던 로큰롤 가수들의 노래에서 널리 사용된 것을 차치하고라도 17은 본질적으로 인간과 문화의 발전에 대해 쉽게 의미를 부여하는 숫자는 아니다. 사실 17은 무작위성의 전형으로 간주된다. 연구 결과에 따르면, 사람들에게 0부터 20까지의 숫자 중 하나를 고르라고 하면 17을 가장 많이 선택한다고 한다. 이를 '정신 분석학적 무작위 숫자(psychologically random)'라고 하는데, 그중 17은 어떤 숫자보다도 무작위로 인식된다고 한다. 짝수와 5의 배수가 특정한 양상을 나타낸다고 할 때, 끝자리가 1, 3, 7 또는 9로 끝나는 숫자들 중에서 특히 소수는 심리적으로 무작위성을 가진다.

죽기엔 너무 젊어

국제법상 17세는 미성년자로 취급되는 최대 연령이다. 따라서 사형 제도가 실시되는 국가에서는 17세나 그보다 더 어린 나이에 저지른 범죄에 대해서는 사형 선고를 받지 않는다.

18세는 보편적으로 성인으로 간주되는 나이지만, 대부분의 사법 제도에서 이 또래의 젊은 사람이 어떤 법적인 권리를 부여 받았다고는 생각하지 않는다. 예를 들어 영국에서는 17세부터 운전을 할 수 있지만 술집에서 술을 사는 것은 불법이다. 18세가 되어 이 두 가지를 모두 할 수 있는 법적 권리가 주어지면 그것이 바로 재앙의 시작이라고 할 수 있다.

북아일랜드와 아일랜드, 오스트레일리아의 여러 지역들, 미국의 몇 개 주에서는 17세가 되면 합법적으로 결혼할 수도 있다. 대부분의 국가에서 17세가 되면 법적으로 아이를 양육할 수도 있다. 하지만 선거권을 가지기에는 너무 어린 나이라고 생각한다.

이탈리아에서 17은 공포의 상징이다. 17은 아라비아 숫자로 XVII인데, 철자를 바꾸면 Vixi이며 "나는 죽었다."라는 뜻을 나타낸다. 그 때문인지 르노 자동차는 R17모델을 이탈리아에서는 R117로 변경했다. 많은 건물들에 13층이 없는 것처럼 이탈리아에서는 17층이 없으며, 몇몇 항공사에서는 17번 좌석이 없다.

내가 17세 때는 정말 좋은 시절이었지.
작은 마을의 소녀에게 그때는 정말
좋은 시절이었지.
포근한 여름날 밤
우리는 마을의 초록색 불빛들로부터
숨어 있었지.
내가 17세일 때

어빈 드레이크의 「가장 좋은 시절」

북유럽 문화에서는
한 해의 17일째 날을
겨울의 최고 정점으로 생각한다.

위의 시는 레이 찰스부터 윌리엄 샤트너에 이르기까지 수많은 가수들이 노래로 불렀다. 그중 가장 성공한 편곡은 프랭크 시나트라가 부른 것이었는데, 이 곡으로 그는 1966년 그래미 상까지 수상했다. 하지만 뭐니 뭐니 해도 가장 유명한 곡으로는 호머 심슨이 부른 곡을 꼽을 수 있을 것이다. *"열일곱 살에 나는 좋은 맥주를 마셨다."*

■ 일본의 유명한 하이쿠 시는 3구 17음으로 구성되며 5-7-5로 구분된다. 또 다른 법칙으로는 시 속에 항상 계절에 대한 암시가 있어야 하며, 세미콜론으로 나뉜 두 부분으로 구성되어야 한다. 예를 들어 보자.

숫자들이 내 머리를 채운다
눈이 내리는 것을 보고 있지만
책을 써야만 하네

□ '헤븐 세븐틴(Heaven 17)'은 1980년대 초 신시사이저 음악 물결에 지대한 영향을 끼친 영국의 밴드다. 이들의 밴드 이름은 앤터니 베르게스의 소설 『시계태엽 오렌지』에 나왔던 허구의 그룹 이름에서 가져왔다.

18

> **❝** *18세의 나는 총을 들고 있고, 방아쇠에 손을 얹고 있고, 이제 곧 방아쇠를 당길 것이다.* **❞**
>
> 페트 윙필드의 '총을 든 18세(18 With A Bullet)'

'With a bullet' 이란 표현은 빌보드 차트에서 높은
판매고를 올린 음반 옆에 찍었던 뷸렛 포인트(bullet point)에서 유래되었다.
윙필드의 노래는 1975년 '빌보드 Hot 100' 의 18위에 들어서며
뷸렛 포인트를 받았고, 그는 사격(shooting)이란 암시적인 의미를
이용해 이를 표현했다.
이 노래는 최고 15위까지 올랐다.

18 홀

골프는 18홀 이상 경기하지 않는다. 골프의 고장으로 알려진 세인트앤드루스에서는 연안의 울퉁불퉁한 땅을 개척하여 11홀의 코스를 만들었다. 그런 뒤 라운드 당 두 번씩 경기가 진행되었고 총 22홀을 돌았다. 그러나 경기가 발전하면서 어떤 홀들이 더 길고 더 어렵게 만들어지자 총 홀의 개수가 아홉 개로 줄었고, 경기당 18홀로 진행되었다(그래서 골프 클럽에 있는 카운터를 형식상 19번 홀이라 부른다). 2006년에는 웰스먼 브래들리 드레이지가 세인트앤드루스의 옛 코스를 64타 6언더파로 마쳤다.

당신은 18세입니까?

대부분의 국가에서는 18세가 되면 몇몇 경우를 제외하곤 술을 살 수 있다. 물론 이슬람 국가에서는 음주가 모두에게 금지되었지만 말이다. 이탈리아와 같은 나라에서는 음주 연령에는 제한이 있지만 주류 구입 연령에는 제한이 없다. 음주에 대해 18세 연령 제한이 적용되지 않는 나라들은 다음과 같다.

아이티 ·· 6(취학 연령)
스위스 ·· 14
오스트리아, 벨기에, 쿠바, 덴마크, 네덜란드, 포르투갈, 프랑스, 독일 ··· 16
그리스, 룩셈부르크 ·· 17
아이슬란드, 일본, 태국 ·· 20
이집트, 튀니지, 미국 ·· 21

대부분의 민주주의 국가에서는 18세가 되면 선거권이 주어진다. 미국의 경우 18세가 되면 총기를 소유할 수 있으며, 군에 징집될 수 있다. 베트남 전쟁 당시 미국의 선거권 취득 연령은 21세였다(당시 많은 국가들이 그러했다). 국가를 위해 징집되어 전사할 수도 있으면서 선거권이 없다는 이상 현상으로 인해 1971년에 이르러 선거 가능 연령을 18세로 낮추었다.

게마트리아(Gematria, 성서 주석 방식)에서 18은 히브리 어로 헤트(chet)와 유드(yud)에 해당하는데, 이들 단어는 '생명(life)'을 뜻한다(숫자 27 참조). 따라서 유대 인들은 숫자 18을 매우 중요하게 취급했다. 생일이나 결혼, 바르 미츠바 등의 행사에서도 18의 배수가 되는 금액을 주는 풍습이 있는데, 이는 삶을 선물한다는 의미를 담고 있다. 『캐치-22(Catch-22)』의 저자 조지프 헬러는 이런 중요성에 착안하여 책 제목을 처음에 『캐치-18(Catch-18)』로 바꾸기도 했다.

*

1979년 2월 18일, 남부 알제리의 사하라 사막에 30분간 눈 폭풍이 몰아쳤다. 이는 역사상 처음으로 사막에 내린 눈으로 기록되었다.

경주마의 이름을 지을 때 철자의 수는 18개로 제한한다. 물론 단어 사이의 공백도 포함한다.

19

십대의 마지막 해인 19는 20세기에 태어난 지구상의 모든 사람들에게 아주 특별한 숫자다. 20세기에는 기술적으로 비약적인 진보가 이루어졌다. 다음에 열거한 목록들은 19세기에서는 볼 수 없었던 19가지 물건들이다.

진공청소기	1901	볼펜	1938
라디오	1903	디지털 컴퓨터	1942
비행기	1903	전자레인지	1946
브래지어	1913	신용 카드	1950
스테인레스	1916	호버크래프트	1956
팝업 토스터기	1919	콤팩트 디스크	1965
텔레비전	1925	비디오 레코더	1971
풍선껌	1930	인터넷	1990
캔 맥주	1935	비아그라	1998
나일론	1935		

순식간에 일어나다

수학자들은 아마 '19 to the dozen'이라고 하면 $2.21331492 \times 10^{15}$이라 말할 것이다. 하지만 이 표현은 대개 어떤 일이 아주 빨리 일어나는 것을 의미한다. 예를 들어, 육상 선수가 달릴 때의 다리를 묘사하거나 누군가가 얘기를 할 때 쉴 새 없이 말하는 것을 묘사할 때 사용한다. 왜 19가 이러한 표현에 쓰였는지는 확실치 않지만 전쟁 중 쉴 새 없이 퍼부어지는 포화 소리나 심박 수 등의 정도치가 아니었나 싶다. 미터법이 제정되기 이전에는 심장 박동을 12초마다 재는 방법이 이상한 일이 아니었다. 평범한 성인의 경우 보통 분당 60∼100회 정도의 심박 수를 가지는데, 12초마다 횟수를 계산하자면 약 12∼20회 정도다. 12초당 19회(19 to the dozen)인 사람이 12초당 20회(20 to the dozen)인 사람보다 훨씬 많다.

이제는 원래 표현에서 너무 많이 벗어나 아무도 확실한 본래의 의미를 추론할 순 없지만, '10 to dozen' 또한 생소한 표현이 아니며, 여러 가지 다른 숫자를 이용한 문장도 동일한 의미를 가진다.

영국에서 시민 혁명이 일어났던 해인 1642년에는 일련의 제안들이 찰스 1세에게 쏟아져 들어왔다. 바로 왕권 중심에서 내각 중심제로 전환해야 한다는 것이었다. 이를 일컬어 '19가지 제안(Nineteen Propositions)' 라고 한다. 그러나 찰스 1세는 이 제안을 왕권과 혈통에 도전하는 행위라고 맹비난했다. 이 과정에서 그는 혁명의 뇌관을 건드리고 말았다.

★

코란에서 19는 지옥을 수비하는 천사들의 숫자다.

★

NI-NI-NI-NI-NINETEEN

1965년의 베트남 전쟁은 그저 다른 나라와 치른 전쟁과 같아 보였지만 사실은 그렇지 않았다.

여러 면에서 달랐고 전투의 양상에서도 상이했다.

제2차 세계 대전에서 전투병들의 평균 나이는 26세였다.

그러나 베트남 전쟁에서는 19세였다.

In in-in-in-in-in Vietnam he was 19……

Ni-ni-ni-ni 19.

폴 하드캐슬의 '19' (1985)

'19번째 신경 쇠약(19th Nervous Breakdown)' 은 롤링 스톤즈의 노래다.

미국이 가장 많이 비용을 들인 전쟁을 꼽으면 단연 베트남 전쟁이다. 그러나 사실 베트남 전쟁에서는 전투병들의 나이가 어렸음에도 불구하고 사상자는 상대적으로 적었다. 미국인들의 인구수 대비 사상자 비율은 베트남 전쟁과 1812년 영미 전쟁이 동률을 이룬다.

전쟁사망자 수	인구수 대비 사상자	비율
미국 독립 전쟁	4,435	0.15
영미 전쟁	2,260	0.03
미국·멕시코 전쟁	13,283	0.06
남북전쟁	624,511	1.78
제1차 세계 대전	116,516	0.11
제2차 세계 대전	405,399	0.29
한국 전쟁	35,516	0.02
베트남 전쟁	58,152	0.03
걸프 전쟁	3,000+	

출처 : 미 국방성

20

포효하던 1920년대는 벼락 경기와 불경기가 교차하던 시기였다. 제1차 세계 대전으로 인한 상실을 보상받고자 하는 열망으로 시작하여 월스트리트의 붕괴와 성 밸런타인데이 대학살, 그리고 사회주의의 대두로 끝을 맺었다. 재즈, 페니실린, 자동차의 대량 생산, 무전기, 텔레비전, 대서양 횡단 비행기, 여성의 참정권 등이 금주법과 정치적 극단론을 상쇄했다. 전설적인 작가, 예술가 및 엔터테이너의 활동도 매우 활발했다. 제임스 조이스, 프랜시스 스콧 피츠제럴드, 프란츠 카프카, 조지 버나드 쇼, T. S. 엘리엇, 어니스트 헤밍웨이, 조지 거쉬인, 어빙 벌린, 루이스 암스트롱, 콜 포터, 알 졸슨, 찰리 채플린, 그레타 가르보, 조안 크로퍼드, 버스터 키톤, 해리 후디니……. 이들은 대중 매체 기술의 폭발적인 발전에 힘입어 그 이름을 널리 알렸다. 러시아를 제외하고 전 세계는 수많은 유혈 사태를 겪으면서 평화롭게 생존하는 방식을 체득했다. 그러나 1920년대가 끝나기도 전에 전 세계는 불길하고 새로운 재앙인 대공황을 겪게 되었다.

■ 'score'는 속어로 20을 의미하는데(예를 들어, 'three score and ten'은 유년기를 무사히 지낸 사람의 통상적인 수명인 70을 의미한다), 이는 "자국을 표시하다(to cut a mark)."라는 뜻에서 파생된 의미다. 20을 셀 때마다 나무나 돌조각 등에 자국(score)을 표시하는데, 이로부터 score는 폭넓은 의미에서 전체 개수를 뜻하게 되었다.

프랑스에서는 20을 셈의 기준으로 삼았고 이는 아직도 80을 의미하는 'quatre-vingts (20의 4배)' 등의 숫자 표현에 사용된다.

요한 세바스찬 바흐의 *20명의 자녀*

20/20은 아주 좋은 시력을 나타낼 때 사용하는 용어다. 20/20은 20피트(약 6미터)에서의 보통 시력이며, 영국의 도량법을 사용하는 국가에서 비롯되었다.

20까지 세기

마야 인들은 20을 기본적인 셈 단위로, 5를 하부 단위로 두는 수 체계를 사용했다. 그들은 숫자마다 점을 사용했고, 5를 나타낼 때는 선을 그었다. 예를 들면 19의 경우 세 개의 선과 1개의 점으로 표현된다. 20은 다음 선 왼쪽에 점을 하나 찍었다. 이처럼 마야 인들은 아주 먼 미래의 중요한 사건을 기록할 수 있는 긴 주기의 달력을 사용하기 위해 20진법을 사용했다. 무슨 이유에서인지 그들은 세 번째 기둥의 기수(base)로 18을 사용했다. 아마도 20×18(360)이 태양력과 일치하기 때문일 것이다. 그러나 이후에는 20의 거듭제곱을 더 발전시켰다.

1kin(1일)

20kin=uinal(1달)

18uinal=tun(1년)

20tun=katun(7,200일)

20katun=baktun(144,000일)

시간의 시작은 0,0,0,0,0으로, 그들이 존재하기 이전의 날짜부터 표기한다(숫자 0편 참조). 마야 인들은 이 날짜부터 시작해서 날짜를 세었다. 예를 들어 1996년은 0년으로부터 4,19,14,12,1로 표현된다.

대통령의 저주

미국 대통령들은 '20년의 저주'에 시달렸다. 1841년 이래 20년마다 재임 중이던 대통령들은 로널드 레이건(1981년 대통령 당선 후 총격을 받았지만 죽지 않았음)을 제외하고 모두 재임기간 중에 사망했다.

1841	윌리엄 핸리 해리슨(1773~1841)	사망
1861	에이브러햄 링컨(1861~1865)	암살
1881	제임스 A. 가필드(1831~1881)	암살
1900	윌리엄 매킨리(1897~1901)	암살
1921	워렌 G. 하딩(1921~1923)	사망
1941	프랭클린 D. 루스벨트(1933~1945)	사망
1961	존 F. 케네디(1961~1963)	암살
1981	로널드 레이건(1981~1989)	암살 시도가 있었지만 생존함
2001	조지 W. 부시(2001~현재)	TBC

숫자로 보는
남아메리카

남아메리카는 북에서 남으로 가
장 긴 대륙이며, 세계에서 가장
긴 산맥을 자랑한다. 안데스 산맥
은 4,500마일에 걸쳐 있다.

면적
17,819,000Km²
전 세계 중 국토 비율
12%
인구(추정)
390,000,000명
인구 밀도(Km²당)
22
최고 고도
아콩카과 6,962m
최저 고도
아르헨티나의 바이아블랑카 42m
가장 긴 강
아마존 강 6,300km
기록상의 최고 기온
49℃(아르헨티나 리바다비아, 1905)
기록상의 최저 기온
−33℃(아르헨티나 사르미엔토, 1907)

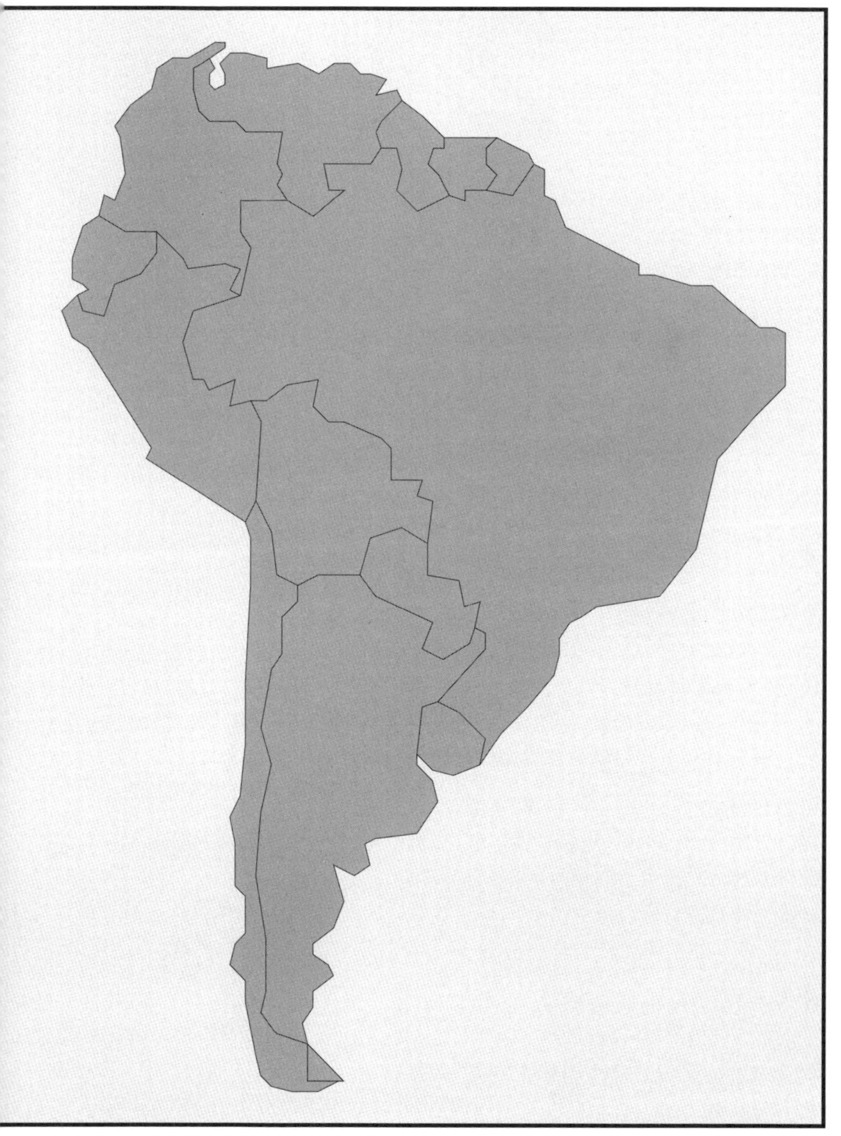

21

보브 호프(코미디언)

21세는 성인의 기준이 18세로 하향되기 전 대부분의 국가에서 성인이 되는 나이로 간주되었다. 이런 전통 때문에 미국에서는 21세가 되기 전까지 술을 구입할 수가 없다. 왜 하필 21세인지는 알 수 없다. 어쩌면 미신적인 행태일 수도 있다. 21을 소인수 분해하면 3과 7이 되어 행운의 숫자 7과 3이 되기 때문이다. 이는 중년으로 간주되거나, 혹은 그전 시대에 질병으로 인한 평균 수명이 낮았을 때 21세가 될 때까지 사느냐 그렇지 않느냐의 문제가 굉장히 중요했기 때문일지도 모른다.

*

■ 21발의 예포는 왕권 혹은 국가의 수장에 대한 경의와 존경을 나타낸다. 이 의식은 평화적인 의도를 내포하고 있는데, 예포의 유래가 원래 무기를 든 병사들 사이에서 적의가 없다는 것을 표현하는 전통적인 방법이었기 때문이다. 총과 대포의 출현으로 선상에서는 평화를 상징하는 소극적인 표현으로 7발의 예포를 발사했다(이는 포탄을 재장전하는 데 시간이 걸려 일시적으로 대포의 사용이 불가능함을 상대방에게 나타내기 위함이었다). 육지에서는 화약을 재장전하는 데 걸리는 시간이 짧기 때문에 21발의 예포로 변화했다. 그러나 화약 장전 기술이 발전하자 선상에서도 21발의 예포를 발사하게 되었다.

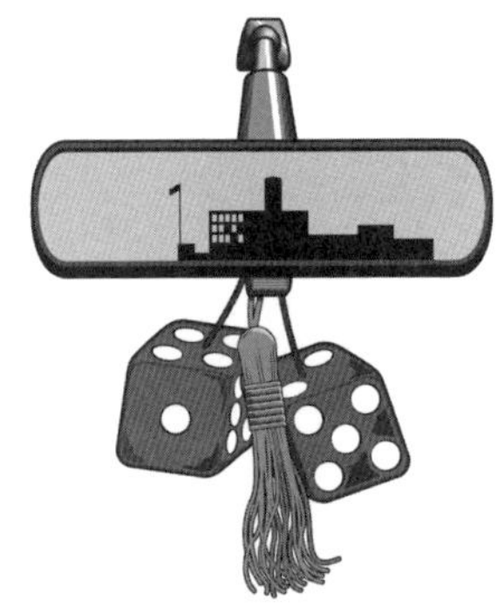

주사위에는 21개의 점이 있다.

22

‘**캐**치-22(Catch-22)’는 작가 조지프 헬러가 쓴 동명 소설의 제목으로 처음 쓰였다. 이 소설에서 제2차 세계 대전 당시 미국의 B-25 폭격기 조종사 요사리언은 이탈리아 근처의 한 섬에 주둔하고 있었다. 요사리언은 계속해서 비행 임무를 회피하는 방법을 찾았지만 언제나 ‘모순되는 규칙(Catch-22)’ 속에서 좌절하고 만다. 다음의 글은 이 현상을 설명한다.

“거기엔 단 하나의 문제점(catch)이 있었다. 바로 Catch-22이다. 이것은 실제적이고 즉각적인 위험에 직면했을 때 이성과 자기 스스로의 안위 사이에서 오는 심리적인 갈등이다. 친구 오어(Orr)는 정신이 이상해져 갔다. 그가 해야 할 일은 오직 질문하는 것뿐이었다. 그는 질문을 시작하면 정신이 맑아지고 비행 임무를 거뜬히 수행할 수 있었다. 더 많은 비행 임무를 수행한다면 그는 미쳐 버릴 것이다. 비행이 없으면 정신 상태가 맑지만, 제정신이면 그는 다시 비행 임무를 수행해야 한다. 요사리언은 Catch-22 조항의 모순되는 규칙에 깊은 영향을 받았다.”

미식축구, 축구, 필드하키는 모두 *22명의 선수들로 구성된다.*

＊

☐ 과거 영국의 측정법에 의하면 사슬자는 22야드로 표시한다. 이는 크리켓의 피치 길이와 같다.

■ 카메라의 F–stop(F넘버 표시 조리개)은 22까지 조절이 가능하다. 다른 조리개는 2.8, 4, 5, 6, 8, 11, 16으로 되어 있다.

★

‘Vingt-deux!(22)’는 경찰이 오고 있다는 뜻으로 프랑스 인들이 사용하는 암호다.

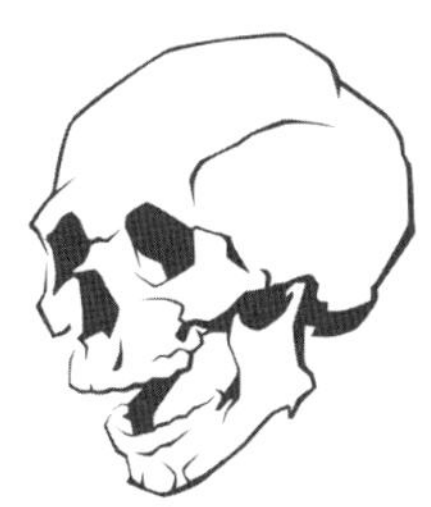

인간의 두개골은 *22개의 뼈로 이루어져 있다.*

23

23은 소수이면서 그를 이루는 각 숫자 2와 3 또한 소수이며, 그 합인 2+3 역시 소수로 이루어진 숫자다. 이는 초능력을 추종하는 사람들에게 과학적으로 설명할 수 없는 믿음을 주곤 했다. '23수호자(23rdians)'의 신봉자들은 세상 어디에서나 숫자 23을 찾을 수 있으며, 이를 통해 자신들이 세계를 이

그리스의 철학자이자 전기 작가인
플루타크의 기술에 따르면
율리우스 카이사르는 칼에 23회 찔렸다.
셰익스피어는 이를
〈옥타비우스(Octavius)〉 5막 1장에서
'Three and Thirty'라고 미화했다.

*

2007년 짐 캐리가 출연한 영화 〈넘버 23〉은
23수호주의(23rdianism)에 대한 이야기를 다루었다. 짐 캐리는 영화 속에서
그의 회사명을 JC23으로 변경하며 "나는 수년간 숫자 23에 대해
강박관념을 가지고 살았다."라고 말했다.

*

야훼는 나의 목자, 아쉬울 것 없노라
파란 풀밭에 이 몸 누여 주시고
고이 쉬라 물터로 나를 끌어 주시니
내 영혼 싱싱하게 생기 돋아라

「시편」 23편

23일 주기

바이오리듬 이론에 따르면 남성들의 신체적·감정적 특징은 23일 주기로 변한다고 한다. 이 이론은 지그문트 프로이트의 친한 친구인 독일의 내과 의사이자 수비학자(數秘學者)인 빌헬름 플리스에 의해 알려졌다. 플리스는 일반적으로 여성은 28일의 주기를 따른다고 주장했다. 1904년, 헤르만 스보보다 박사는 플리스의 23일과 28일 주기 이론에 자신의 연구 결과를 추가하여 발표했다. 비록 바이오리듬은 과학적인 증거에 의해 증명된 사실은 아니지만 최근 생체 주기이론의 한 분야로 지속적인 연구가 이루어지고 있다.

23일-남성(male) · 28일-여성(female) · 38일-직관(intuitional)

43일-심미안(aesthetic) · 53일-정신적(spiritual)

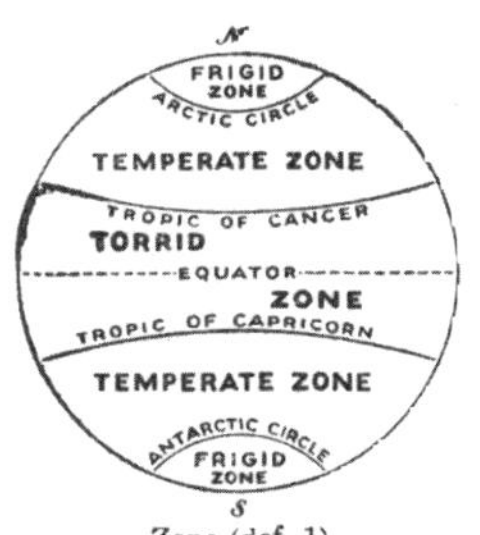

Zone (def. 1).

지구의 자전축은 수직에서 23.5도 기울어져 있다.

★

게자리(Cancer)와 염소자리(Capricorn)의 회귀선(tropic)은 각각 북쪽과 남쪽 23.5도이다.

■ 농구 황제 마이클 조던은 시카고 불스 시절 23번을 달고 뛰었다. 클럽에서는 1993년 조던의 첫 번째 은퇴와 더불어 백넘버 23을 더 이상 사용하지 않았다. 하지만 특별한 의미를 지닌 23번 운동선수가 조던만 있는 것은 아니다.

돈 매팅리 ·· 야구
(뉴욕 양키스는 그의 번호를 함께 퇴역시켰다.)

데이비드 베컴 ································· 축구
(레알 마드리드 시절 그의 우상인 마이클 조던을 기리며)

라인 샌버그 ······································ 야구
(시카고 컵스는 그의 번호를 함께 퇴역시켰다.)

마르크 비비안 푀 ····························· 축구
(2003년 맨체스터 시티는 카메룬 대표로 경기 도중 비비안 푀가 숨지자 그의 번호를 함께 퇴역시켰다.)

24

하루를 나타내는 시간 24. 우리는 다목적 숫자인 24를 선택했던 고대 이집트와 바빌로니아 인들(숫자 12 참조)에 감사를 보내지 않을 수 없다. 24는 1, 2, 3, 4, 6, 8, 12로 나눌 수 있으므로 하루를 더 작은 단위로 쉽게 나눌 수 있다.

그리스 알파벳의 24개 문자는 모든 유럽 알파벳 문자의 근간이 되었다. 다른 언어들에서도 비슷한 방식을 적용하고 있고, 문자의 개수에서만 약간씩 차이가 있다.

이탈리아어 ……………………………………… 21(J, K, W, X 또는 Y 없음)

영어 ……………………………………………………………………… 26

프랑스어 …………………………………………………… 26(영어와 동일)

스페인어 ……………………………………………… 29(CH, LL, Ñ이 더해짐)

독일어 ……………………………………………… 30(Ä, Ö, β, Ü가 더해짐)

네덜란드어 ………………………………………………… 27(IJ가 더해짐)

러시아어 ……………………………………………………………………… 33

*

■ 금 24캐럿은 순금을 나타낸다. 다른 캐럿의 숫자들은 금의 함유량을 나타낸다. 예를 들어 14캐럿은 금과 다른 금속이 14 대 10으로 섞여 있다는 뜻이다. 10캐럿보다 적은 경우는 금으로 판매되지 않는다.

★

호메로스의 『오디세이』와 『일리아드』는 각각 24권으로 되어 있다.

아서 왕 과 원탁 의 기사에 대한 전설은 여러 형태로 전해오기 때문에 아무도 원탁의 기사가 실제로 몇 명이었는지 모른다. 열두 명에서 수백 명에 이르기까지 여러 설이 있으나, 영국 윈체스터 성당에는 스물다섯 명의 이름이 전한다.

★

5의 제곱과 100의 4분의 1인 25는 은과 관련된 숫자다. 결혼 25주년을 맞는 부부들은 은혼식이라 하여 결혼생활을 기념하고, 영국에서는 재위 25년을 '실버 주빌리(Silver Jubilee)'라 하여 기념한다.

- 아서 왕
- 갤러해드 경
- 랜슬롯 경
- 거웨인 경
- 퍼시발 경
- 라이오넬 경
- 트리스트람 경
- 가레스 경
- 베디베어 경
- 블레오베리스 경
- 루칸 경
- 팔로미데스 경
- 라모라크 경
- 보스 경
- 사피어 경
- 펠리아스 경
- 케이 경
- 엑터 경
- 다고넷 경
- 테기어 경
- 브루노 경
- 알리머 경
- 모드레드 경

★

미국에서 하원의원으로 출마할 수 있는 나이는 25세 이상이다.

★

메이저 리그 야구팀의 선수명부는 25명으로 이루어져 있다.

26주는 일 년의 절반이다. 그러나 $26 \times 2 \times 7 = 364$이므로, 일 년으로 따지면 1.25일이 부족하다. 따라서 일 년 중 처음 6개월은 181일(윤년은 182일)이고, 나머지 6개월은 184일로 계산해야 한다.

스위스는 26개 주다.

★

26은 히브리 어로 네 글자로 된 신의 이름인 여호와(Yod-He-Waw-He)를 숫자로 나타낸 값이다(숫자 27참조).

★

☐ 26세가 넘은 남성은 미군에 지원할 수 없다.

■ 마라톤 선수들은 26마일 385야드(42.195km)를 달린다. 이는 페르시아와의 마라톤 전투에서 승전보를 전하기 위해 아테네까지 쉬지 않고 달린 고대 그리스의 사자(使者) 페이디피데스가 달린 거리와 같다. 전해지는 이야기에 따르면 페이디피데스는 승전보를 전한 뒤 그 자리에서 죽었다고 한다.

신약성서 27권

마태복음 • 에베소서 • 히브리서 • 마가복음 • 빌립보서 • 사도행전 • 요한복음 • 누가복음 • 골로새서 • 베드로전서 • 데살로니가전서 • 베드로후서 • 요한1서 • 야보고서 • 데살로니가후서 • 로마서 • 디모데전서 • 요한2서 • 고린도전서 • 디모데후서 • 요한3서 • 고린도후서 • 디도서 • 유다서 • 갈라디아서 • 빌레몬서 • 요한계시록

*

27세는 '굵고 짧게 사는(live fast, die young)' 클래식 록 스타들에게 많은 선택이 있는 나이처럼 보인다. '27 클럽(27세에 죽은 가수들)' 이라 불리는 이들은 다음과 같다.

롤링 스톤스의 브라이언 존스 : 익사

재니스 조플린: 약물 과다 복용

지미 핸드릭스: 약물 과다 복용

커트 코베인 : 총상

짐 모리슨 : 약물 과다 복용

비밀의 수

고대의 히브리 알파벳에는 27개의 문자가 있다. 그중 다섯 개(kaf, mem, nun, fe, tzadi)는 단어의 끝에 위치할 때 발음이 달라지는데, 이들은 숫자를 나타내기도 한다. 어떤 언어에서 각 낱말의 알파벳 수로 문서를 해석하는 방법을 게마트리아라고 한다. 이것은 특히 유대교에서 널리 보급되었다. 이들은 유대교 율법서인 토라(Torah, 모세 5경)를 하느님이 모세에게 내린 규범이라 믿으며 하느님의 말씀이 토라에 숫자 암호로 표기되어 있다고 한다. 따라서 숫자 7은 본질적으로 '창조'와 연관이 있으며, 신성한 숫자로 여긴다.

카발래(Kabbalah)는 유대교의 신비주의를 신봉하는 분파로, 소수의 현자들에게만 알려져 있는 토라 속의 하느님의 전언에 대해 권위 있는 해석이 필요하다고 주장한다. 전통적인 카발라 신자들은 토라가 유대 법에 따라 엄격한 감독 아래 연구되어야 하며, 그렇지 않을 경우 나타날 수 있는 모든 종류의 오역은 신성 모독과 같다고 주장한다. 그러나 삼라만상에 대한 광범위한 지적 호기심과 하느님의 뜻이 무엇인가와 같은 화두를 통해 카발라의 교육은 수익 사업으로 변질되었고, 결국 카발라를 수강하는 사람들에게 별다른 깨달음을 주지 못하는 결과를 초래하고 말았다.

28

일 주일이 7일이고, 4년마다 윤년이 있기 때문에 그레고리력에 따라 요일과 날짜가 28년 주기로 반복된다.

★

고대의 천문학자들은 28년마다 밤하늘의 토성이 비슷한 위치로 돌아온다는 중요한 발견을 했다. 토성과 지구의 각도상의 위치 때문에 14년마다 토성의 고리가 사라지는데, 이는 천문학자들을 당혹스럽게 만들었다. 그래서 '토성회귀(Saturn Return)' 라는 점성술 용어는 토성의 영향 때문에 스물여덟 살부터 인생의 변화가 생긴다고 말하고 있다.

뿐만 아니라 토성은 육안으로 볼 수 있는 태양계의 가장 외측 행성이자 가장 긴 궤도를 갖고 있는 행성이기 때문에, 점성술의 'Saturnine' 이라는 단어는 '동작이 느린', '침울한' 이라는 뜻을 품고 있다.

> '더블식스(double six)' 세트에는 보통 28개의 도미노가 들어 있다. '더블나인double nine)' 에는 55개의 도미노가 들어 있으며, '더블12(double 12)' 에는 91개의 도미노가 들어 있다.

아라비아 어에는 28개의 문자가 있다.

*

굳이 생각해 보지 않더라도 인간의 치아 수는 28개다.

*

28은 완전수다(숫자 6을 참고). 28의 소인수들을 합하면 28(=1+2+4+7+14)이 된다.

29

신이시여, 우리가 무슨 짓을 저지른 겁니까?

숫자 29는 제2차 세계 대전 당시 히로시마와 나가사키에 원자폭탄이 투하된 날과 관련이 있다. 원자 폭탄을 투하한 비행기가 바로 B29였던 것이다.

1945년 8월 6일 오전 8시 15분, B29 폭격기 이놀라 게이(Enola Gay)는 히로시마에 '리틀보이(Little Boy)' 라는 별명을 가진 폭탄을 투하했다. 15킬로톤의 폭발력을 가진 폭탄은 100,000℃의 화염을 일으키며 66,000여 명의 사람을 순식간에 재로 만들었다. 3일 후, 오전 11시 2분경에 B29 폭격기 복스카(Bocksca)는 '팻보이(Fat boy)' 라는 별명을 가진 폭탄을 나가사키에 투하했고, 이것은 22킬로톤의 폭발력으로 도시를 순식간에 잿더미로 만들었다.

히로시마에서는 약 140,000명, 나가사키에서는 70,000명이 사망했는데, 대부분이 민간인이었다고 한다. 폭발의 후유증으로 사망자 수는 그 뒤 두 배로 늘어났으며, 이들 중에는 폭탄, 또는 방사선 노출로 인한 암으로 사망한 사람도 많았다. 이놀라 게이의 부조종사 로버트 루이스 중령은 폭탄 투하 후의 참상을 보면서 심한 양심의 가책을 느꼈다고 한다. 그래서 항공 일지에 "신이시여, 우리가 무슨 짓을 저지른 겁니까?"라고 썼다고 한다. 나가사키 이후 원자 폭탄이나 핵폭탄을 다른 나라에 사용한 나라는 없다.

보름달 사이의 주기는 정확히 29.5일이다.

★

핀란드, 노르웨이, 덴마크와 터키의 글자 수는 29개다.

*내가 가장 좋아하는 시는 "30일은 9월
(Thirty days hath September)."로 시작한다.
이 시구는 실제로 우리에게 무언가를 전달하기 때문이다.*

그루초 마르크스(Groucho Marx)

■ 30은 처음의 소수 세 개를 곱한 숫자이다. 1 × 2 × 3 × 5

1을 시작으로 몇 개의 연속적인 소수의 곱으로 만들어진 숫자를 근원 수(primordial)라고 한다. 처음 다섯 개의 근원 수는 다음과 같다.

2	1 × 2
6	1 × 2 × 3
30	1 × 2 × 3 × 5
210	1 × 2 × 3 × 5 × 7
2,310	1 × 2 × 3 × 5 × 7 × 11

☐ 마케팅에서는 새로운 아이디어나 제품을 30초 이내에 팔아야 한다는 법칙이 있다. 이것을 '엘리베이터 피치(Elevator Pitch)' 라고 하는데, 잠재 고객이 엘리베이터를 타고 회사로 올라가는 사이에 당신의 아이디어를 그들에게 전달할 수 있기 때문이다.

■ 시속 30마일은 전 세계에서 사용하는 도심지 제한 속도이다. 미터를 단위로 사용하는 나라에서는 시속 50킬로미터(시속 31마일)이다. 북아메리카와 일본의 혼잡한 지역에서는 시속 25마일이 더 일반적인 제한 속도이다. 연구 결과에 따르면 보행자가 시속 30마일의 차와 충돌할 경우 생존 확률은 80퍼센트이며, 시속 40마일에서는 10퍼센트까지 떨어지며, 시속 20마일에서는 95퍼센트라고 한다.

■ 영어 단어 'thirtysomethings'은 텔레비전 프로그램의 한 제목이다. 이 프로그램의 성공 덕분에 이 단어는 1980년대 영어 단어의 한 자리를 차지했다. 1980년대 중반에는 인구학적인 현상으로 'thirtysomethings'가 '여피 족(yuppies)'을 대체했다. 이는 베이비붐 세대가 성인이 되어 30대로 편입되었음을 뜻한다.

31

■ 한 해의 일곱 달은 31일이다. : 1월, 3월, 5월, 7월, 8월, 10월, 12월.

31은 소수이며, 다음의 숫자들도 모두 소수이다.

331

3,331

33,331

333,331

3,333,331

33,333,331

하지만 3이 연속으로 여덟 번 반복되고 끝에 1이 위치하는 333,333,331은 소수가 아니다. 이는 일련의 3에 1이 붙을 때, 소수가 된다는 이론이 적용되지 않는 숫자다.

333,333,331/17 = 19,607,843

★

31은 카드 게임의 한 종류다.

32

* 체스 게임은 32개의 말을 가지고 시작한다. 또한 색깔이 다른 32개의 사각형이 판에 그려져 있다. 체스는 숫자를 이용한 수수께끼 게임이라고 할 수 있다. 다음은 공식적인 시합에서 나온 기록들이다.

3 : 경기에서 승리한 말의 최소 이동 횟수

72 : 말이 하나도 잡히지 않고 움직인 최대 이동 횟수

17 : 연속으로 말을 잡은 최대 횟수

73 : 한 말을 연속으로 움직인 최대 횟수

74 : '체크'를 연속으로 가장 많이 한 횟수

141 : 한 경기에서 '체크'를 가장 많이 한 횟수

■ 예수는 우리 나이로 32세에 십자가에 못 박혔다.

□ 물은 화씨 32도, 섭씨 0도에서 언다.

33은 음모론자들이 가장 좋아하는 숫자다. 케네디 대통령이 암살당한 댈러스는 위도 33도 바로 남쪽에 위치한다. 바그다드는 위도 33도에 있다.

33을 제조하기

33은 인기 있는 두 맥주의 상표에 있는 숫자다. 프랑스에서 양조되는 '하이네켄 33'과 미국에서 제조되는 '롤링 락(Rolling Rock)'의 상표에는 모두 숫자 33이 새겨져 있다. 롤링 락의 33은 회사 슬로건의 단어 개수라고 한다. 33이 상표에 새겨지게 된 이유가 다소 재미있다. 양조장의 한 직원이 상표에 인쇄할 공간을 확보하기 위한 목적으로 인쇄업자에게 단어의 수를 적어 보냈는데, 인쇄업자는 그것을 상표에 그대로 인쇄한 것이고, 그것이 지금까지 전해진 것이다.

미골(尾骨)을 포함해서 인간의 척추에는
33개의 등뼈가 있다.

"그때, 백작은 큰 소리로 물어보았다. '그의 이름을 아직 기억하는가?' '오, 물론입죠. 하지만 나는 그를 34번으로만 알고 있습니다.'"

34

알렉산드르 뒤마의 『몽테크리스토 백작』 중에서

책 속의 주인공인 에드몽 당테스는 감옥에 갇혀 있는 동안 34번으로 불렸다.

1947년, 뉴욕을 배경으로 제작된 영화 〈34번가의 기적〉에는 여덟 살의 귀여운 나탈리 우드가 출현했다. 산타가 있다고 주장해 미치광이 취급을 받는 한 남자가 성탄절에 산타의 진위를 놓고 재판까지 벌여 이를 납득시키면서 기적의 필요성을 보며 주는 영화다. 이 영화는 오스카상에서 남우조연상, 최고작품상, 최고각본상 이렇게 총 세 개의 상을 수상했으며, 1994년에 리메이크되었다.

숫자로 보는
남극 대륙

남극 대륙은 지구상에서 유럽보다 더 큰 면적을 차지하지만, 영구적으로 거주하는 인구는 없다. 남극 대륙의 5퍼센트만이 바위로 이루어져 있고, 나머지는 얼음으로 이루어져 있다.

면적

13,209,000km²

지구의 육지 대비 비율

9%

인구(근사치)

비영구 거주 과학자 4,000명

인구 밀도(km²당)

0.0000003

최고점

빈슨 산 4,892m

최저점

2,538미터(평균 해수면 아래)

가장 긴 강

없음

기록상의 최고 온도

15℃(스콧 코스트의 반다 스테이션, 1974년)

기록상의 최저 온도

−89℃(보스토크, 1983년)

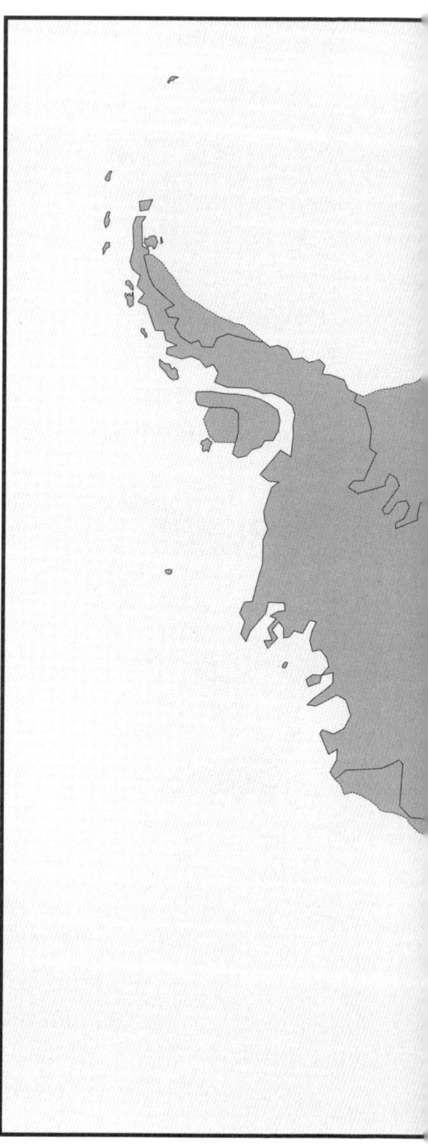

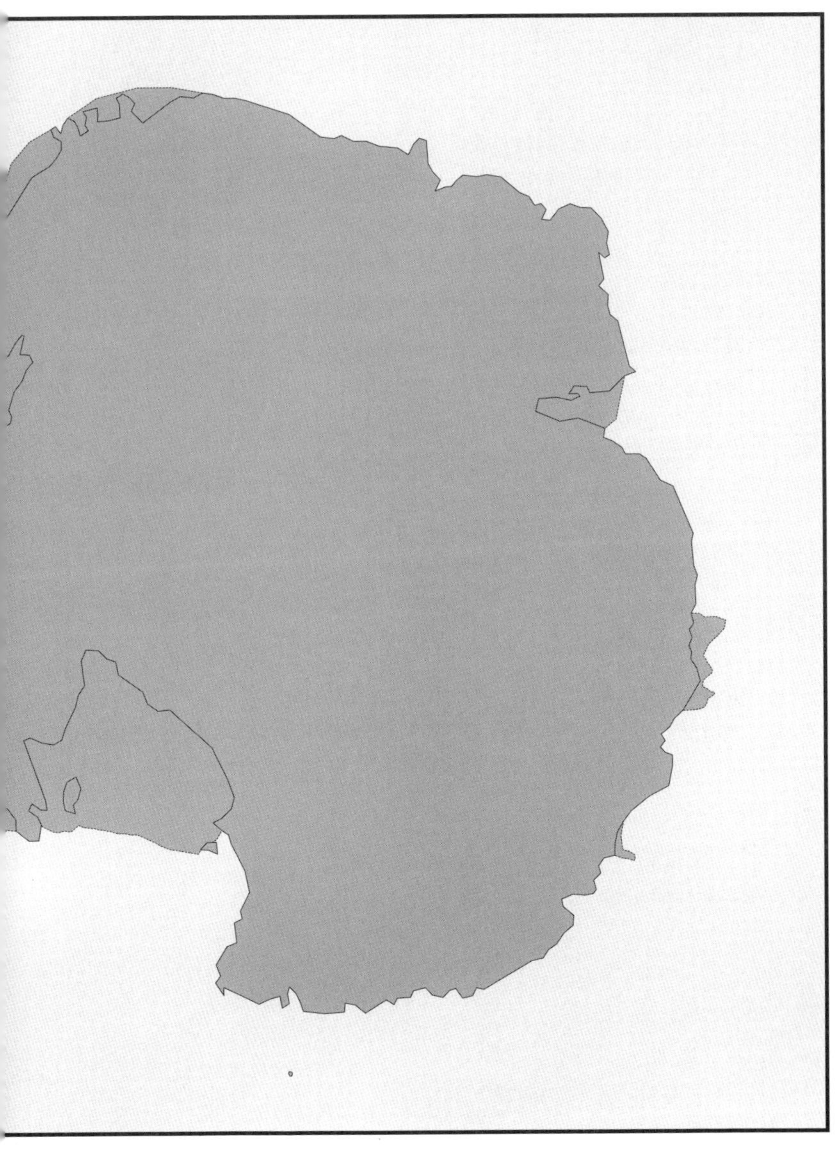

35

" 35세는 매우 매력적인 나이다. 런던 사교계에서 자유로운 선택권을 가진 부유한 상류층 여성들은 수년을 35세에 머무른다. **"**

오스카 와일드의 『진지함의 중요성』 중에서

미국의 대통령에 입후보하려면 35세 이상이어야 한다. 현재까지 40세 이전에 대통령이 된 경우는 한 사람도 없으며, 가장 젊은 다섯 명의 대통령은 다음과 같다.

시어도어 루스벨트 : 42세

존 F. 케네디 : 43세

빌 클린턴 : 46세

율리시스 S. 그랜트 : 46세

그로버 클리브랜드 : 47세

결혼 35주년은 산호혼식 (珊瑚婚式)으로 기념한다.

'저에게 36시간만 주십시오, 제가 배반자를 잡아오겠습니다.'

36

이것은 1965년 제임스 가너가 주연한 영화 〈36시간〉의 인용구다. 제2차 세계 대전의 디데이가 다가올 즈음, 연합군의 상륙 지점을 알아내고자 혈안이 된 독일군이 한 미군 소령을 납치하여 비밀 누설을 위해 전쟁이 끝났다고 설득하는 작전을 펼치는 이야기다.

*

피아노에는 36개의 검은 건반이 있다.

*

유대인의 민속에는 '36인의 정직한 사람들'에 대한 이야기가 있다. 이 세상에는 항상 자리를 지키고 있는 서른여섯 명의 사람이 있지만 막상 본인들 스스로는 그것을 인식하지 못한다는 이야기다. 당신이 그중 한 사람일지도 모른다는 생각은 이미 당신이 그중의 한 사람이 되는 것을 방지하기에 충분하다. 한 사람이 죽으면 다른 사람이 그나 그녀의 자리를 대체하게 된다. 이렇게 36명이 완전히 채워지지 않으면 이 세상은 불완전하다.

37

섭씨 37도(화씨 98.6도)는 건강한 사람의 체온이다.

숫자 37에서 영적인 중요함을 찾는 사람들은 창세기의 첫째 줄 게마트리아(숫자 27 참조)에 표시되어 있듯이 가장 신비스러운 숫자 3과 7이 조합되어 있다는 것(73도 마찬가지다)과, 흥미롭게도 이 두 숫자가 기하학적인 연관성을 가지고 있다는 점에 주목할 것이다.

만약 당신이 37개의 동전을 가지고 있다면, 그 동전들로 그림과 같은 육각형을 만들 수 있을 것이다. 이런 특징을 가지고 있는 숫자들을 '마법수(hex number)'라 한다. 만약 동전을 이용해 육각형의 각 면에 여섯 개의 삼각형을 붙이면 육각성형(별모양)을 만들 수 있는데, 이때는 총 73개의 동전이 필요하다. 그렇지만 동전의 바깥층을 제거하면 37개의 동전으로도 육각성형을 만들 수 있다.

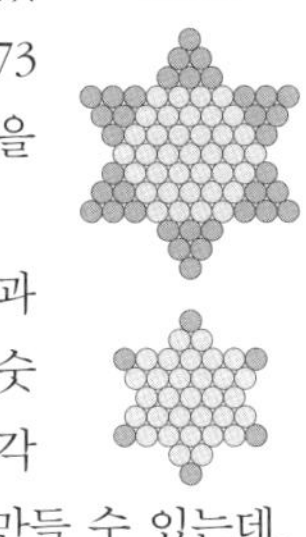

□ 룰렛에서 우승 숫자를 맞힐 확률은 37 대 1이지만, 미국식 룰렛은 38 대 1이다. 가장 유명한 몬테카를로 룰렛에는 0~36까지의 번호가 37등분되어 있는데, 이것은 프랑스 형제인 프랑수아와 루이 블랑이 1842년에 발명한 것이다. 이전에도 0이나 00을 포함한 방식이 있긴 했지만 미국에 도입될 당시에는 은행의 수익률을 고려하여 00이 있는 방식을 채택했다. 방식에 상관없이 숫자들의 총합은 악마의 숫자 666이 된다.

38

추잡한 속임수

19세기 독일의 철학자 쇼펜하우어의 말에 따르면, 논쟁에서 이길 수 있는 38가지 방법이 있다고 한다. 쇼펜하우어는 논쟁의 핵심은 옳은 것이 아니라 이기는 것이라고 주장하면서 논리나 이성을 혼동시키기 위해 사용되는 비열한 속임수 38가지를 제시했다. 이것은 모든 정치인들을 위한 지침이기도 하다. 오늘날에도 잘 알려진 10가지의 비열한 속임수들을 살펴보자.

□ 당신 반대파의 제안을 상식적인 제한선 아래로 옮겨라. 즉, 과장하라.

□ 그와 반대되는 신념(신앙)을 사용하라.

□ 상대방의 말이나 그가 증명하려고 하는 것의 주제를 바꿔 논쟁을 혼란시켜라.

□ 만약 상대방이 반대되는 증거로 당신을 압박한다면, 아주 미묘한 차이점을 지적함으로써 잠시 휴식을 취하라.

□ 만약 상대방이 논쟁의 주도권을 쥐게 되어 당신이 논쟁에서 질 것 같다면, 상대방이 결론에 도달하지 못하도록 하라.

□ 단순한 과장으로 상대방을 어리둥절하게 만들거나 당황하게 할 수도 있다.

□ 논쟁을 듣는 청중이 논점에 대해 전문가가 아니라면, 상대방이 빈약한 근거를 가지고 말하는 것처럼 만들어라.

□ 만약 당신이 논쟁에서 질 것 같으면, 이야기의 방향을 다른 곳으로 돌려라. 논쟁에서 흘러나온 문제인 양 갑자기 다른 이야기를 시작할 수 있다.

□ 상대방의 지적 수준이나 논쟁의 엄격함을 지적하는 대신 상대방의 동기에 대해 지적하라.

□ 상대방이 유리해지기 시작하면 즉시 개인적이고, 모욕적이고, 무례하게 굴어라.

"'39계단'에 대해
들어 본 적이 있나요?"
"아니요, 그게 뭐죠? 술집인가요?"
『39계단』은 존 버컨이 쓴 흥미로운 첩보 소설의 암호였지만, 1935년 알프레드 히치콕 감독에 의해 영화로 만들어졌고(이 대화가 사용됨), 1959년과 1978년에 리메이크되었다. 버컨은 소설을 집필할 당시 거주하던 켄트 인근에 있는 절벽 사이의 길에서 『39계단』의 줄거리를 착안했다고 한다.

■ 축구의 메카라고 할 수 있는 런던의 웸블리 구장이 재건축되기 전에는 운동장에서 로열박스까지 39개의 계단이 있었다고 한다. 그래서 결승전이 끝나면 우승한 팀은 메달을 받기 위해서 그 계단을 올라야 했다. 신축 구장은 로열박스까지 107개의 계단이 놓여 있다. 웸블리 구장에서 경기를 마친 선수들의 몸 상태를 고려하자면 조만간 기계를 이용한 승강 장치를 주문해야 할지도 모른다.

> 성공회는 39개의 종교 조항에
> 기초하여 설립되었다.

39는 다섯 개의 연속된 소수들의 합이다(3+5+7+11+13). 또한 매우 드물게도 이 숫자들 중 처음에 있는 숫자와 끝에 있는 숫자를 곱하면 다시 39가 만들어진다(3×13). 이러한 경우는 10이 처음이고 다음은 155이다. 그럼에도 불구하고 데이비드 웰스는 『신기하고 재미있는 숫자사전』에서 39를 '가장 시시한 작은 수'로 분류했으며, 이 숫자에는 아무런 의미도 없다고 했다. 그러나 첫 번째 시시한 수에 대한 논쟁 자체가 흥밋거리가 되었고, 따라서 첫 번째 시시한 숫자는 존재하지 않게 되었다.

★

나이는 완전히 마음에 달려 있다.
만약 나이에 신경 쓰지 않는다면
문제될 것도 없다.

잭 배니(코미디언)

잭 배니는 항상 자신을 39세라고 했는데, 그 이유로 '40세는 재미있는 일이 없어서'라고 했다. 그래서 죽을 때까지 39번째 생일 축하를 마흔한 번이나 받았다.

40

40은 성경과 이슬람 경전에 놀라울 정도로 규칙적으로 출현하지만, 현재는 사순절(재의 수요일에서 부활절까지의 40일) 기간을 나타내는 것 말고는 특정 숫자로서의 의미는 없어 보인다. 굳이 숫자 40에 대한 그럴싸한 설명을 찾자면, 중동 문화권에서 40을 '다수'라는 뜻으로 사용한다는 것이다. 예를 들어 '알리 바바와 40인의 도적'이 있다.

인생은 40부터

'인생은 40부터'라는 말은 로마 시대 인간의 평균 기대 수명이 단지 22세였던 점을 두고 봤을 때 매우 공허하게 들린다. 사실 미국도 19세기에서 20세기로 넘어 올 때의 기대 수명은 49세 정도였다. 이렇게 기대 수명이 낮은 것은 유아 사망률이 높은 데 기인한다(빈번한 전쟁이 그다지 큰 영향을 끼치지는 않는다). 만약 당신이 40세까지 생존한다면, 통계적으로 당신은 향후 20년은 더 생존할 수 있다. 행복한 시간이 거의 없을 수도 있지만 이 문장은 항상 논란의 여지를 남긴다. 철학자 칼 구스타브 융은 40세를 '인생의 전성기'이자 중년의 위기가 시작되는 때라고 했다.

만약 20세에 자유주의자가 아니라면 당신은 용기가 없는 자다. 그리고 만약 40세에 보수주의자가 아니라면 당신은 지혜가 없는 사람이다.

—윈스턴 처칠

그녀는 40세에 가깝다고 말하는데,
나는 어떤 쪽(40보다 많은지 적은지)인지를 생각해야만 한다.

—보브 호프

*40세는 젊은이들 중에서는 늙은 나이이고,
50세는 늙은이들 중에서는 젊은 나이이다.*

—빅토르 위고

WD-40 :
'천 가지 용도의 윤활 방청제'
노엄 라슨에 의해 개발된
WD(water displacement)는
수분을 제거하고 녹을
방지하기 위해 고안한
스프레이 형태의 윤활 방청제다.
상표에 있는 40이란
숫자는 정확한 제조를 위해
라슨이 시도한 횟수를 나타낸다.

40에이커와 노새

남북전쟁 이후, 셔먼 장군은 40에이커의 땅을 해방된 흑인 노예들에게 분배할 것을 명령했다. 그 과정을 구어체로 '40에이커와 노새'라 했으며 이 용어는 흑인 미국 영화감독인 스파이크 리가 설립한 영화사 이름으로 사용했다.

인간은 20세 때보다는 40세의 얼굴에서 더 많은 특징을 보인다. 즉 경험이 더 많다.

—메이 웨스트

41은 소수로서, 찰턴 헤스턴과 모차르트 간의 그럴듯할 것 없는 연관성을 보여준다. 찰턴 헤스턴에게 41은 오스카상을 수상한 영화 〈벤허〉에서 갤리선에 탄 노예의 수고, 뒷날 '주피터 교향곡'으로 알려진 모차르트의 마지막 교향곡 번호이기도 하다. 모차르트는 겨우 35세에 요절했지만, 그의 짧은 생애 동안 무려 600곡이 넘는 곡을 작곡했다. 2중주곡뿐만 아니라 4중주, 5중주, 세레나데, 협주곡과 교회 음악 등 많은 곡을 작곡했다.

41개의 피아노 독주곡
41개의 교향곡
36개의 바이올린 소나타
27개의 피아노 협주곡
23개의 오페라

헤스턴은 모두 80편의 영화를 제작했고, 1965년에서 1971년까지 영화배우 조합의 대표였다.

42

서양에서 최초로 활자로 인쇄된 책은 구텐베르크 성경(1454)이다. 페이지마다 42행의 성경 구절이 라틴 어로 인쇄된 구텐베르크 성경은 총 180여 권의 사본 중 오직 16권만이 전해진다. 흥미롭게도 구텐베르크는 제작 과정에서 페이지 당 40행의 초기 활자 배치를 수정했다. 초판본을 출판하고 나서 인쇄본에 대한 수요가 증가하면서 2쇄 본에서는 페이지 당 42행으로 재조정했다고 한다.

엘비스 프레슬리는 42세에 죽었다.

42! 당신이 750만 년 동안 작업한 결론이 그것입니까?

■ 공상 과학을 풍자한 『은하수를 여행하는 히치하이커를 위한 안내서』는 더글러스 애덤스의 책으로, 그의 신봉자들은 숫자 42가 우주 만물과 인생에 대한 근본적인 대답이라는 것을 잘 알고 있다.

대용량의 슈퍼 컴퓨터 '깊은 생각(Deep thought)'은 해답을 풀기 위해 750만 년이 걸렸지만, 인류의 궁극적인 명제에 대한 해답을 제공하지는 못했다. 이 책의 신봉자들은 숫자 42의 의미와 애덤스가 그 수를 선택한 이유를 많은 이론들로 설명했다. 사실 애덤스는 숫자 42를 무작위로 선택한 것일 텐데 말이다.

42는 이집트 인에게 매우 중요한 숫자다. 그들은 사후에 오시리스 신에 의해 영혼의 무게가 저울질이 되는데, 42명의 재판관 앞에서 42가지의 죄악에 대해 심판을 받는다고 믿었다.

■ 비틀즈의 마지막 공연은 42분간 계속되었다. 이 콘서트는 1969년 1월 30일 런던의 애플 레코드 사 건물 옥상에서 예고 없이 열렸으며, 즉흥 공연을 보려고 많은 행인들이 멈춰서는 바람에 교통이 마비될 정도였다.

많은 숫자들 중에서 매우 인접한 두 개의 소수를 발견하는 것은 아주 놀라운 일이다. 43은 41 거의 다음에 오는 숫자다. 이처럼 두 소수의 차가 2인 수를 '쌍둥이 소수(Twin Prime)'라 한다. 쌍둥이 소수는 수십억 대의 수에서도 발견되며 그 이상에서도 가능하다. 쌍둥이 소수의 숫자가 무한한지에 대한 증명은 아직까지도 진행형이다. 다음에 처음 10개의 쌍둥이 소수가 있다. 5가 두 번 나오는 것에 주목하라.

3, 5	11, 13	29, 31	59, 61	101, 103
5, 7	17, 19	41, 43	71, 73	107, 109

〈핸콕의 43분〉은 〈핸콕의 30분〉의 1957년 크리스마스 특작으로, 영국의 전설적인 코미디언 토니 핸콕이 주인공으로 등장했다.

■ 서기 43년은 로마가 영국을 정복한 해다. 율리우스 카이사르가 기원전 55년과 54년에 영국을 침공한 것과 혼동해서는 안 된다. 이때 카이사르는 영국 영토의 아주 작은 일부분만을 통치했다.

❝ 나는 당신이 무슨 생각을 하는지 알고 있소. '저 사람이 여섯 발을 쐈나, 아니면 다섯 발만 쐈나?' 사실대로 말하자면, 나도 흥분해서 잊어 버렸소. 하지만 이 매그넘44는 세상에서 가장 강력한 권총이고 당신의 머리도 깨끗이 날려 버릴 수 있소. 당신은 스스로 이런 질문을 했을 거요. '내가 운이 좋은 건가?' 그렇지 않나, 풋내기? **❞**

□ 클린트 이스트우드가 주연한 〈더티 해리〉의 형사 해리는 연발 권총과 소총용의 대구경 탄약통을 가진 매그넘44를 사용한다. 그 총은 〈택시 드라이버〉에서 트래비스 버클 역의 로버트 드 니로가 사용하기도 했다. 1970년대 이 두 고전영화의 불멸의 명성에도 불구하고, 매그넘이 세계에서 가장 강력한 권총은 아니다. 현재로서는 '스미스 앤 웨슨 모델 500'이 가장 강력한 권총이다.

더글러스 애덤스와 42의 관계처럼, 숫자 44는 마크 트웨인이 미완성 소설인 『이상한 이방인』에서 사탄의 특징을 나타내기 위해 선택한 숫자다.

염화 비닐로 레코드를 만들던 시절, 한 면에 한 곡이 녹음되던 싱글을 '45s'라고 했는데, 이는 분당 45번 회전을 했기 때문이다(숫자 78 참조).

■ 콜트 45는 서부극에 자주 등장하는 연발 권총 중 최고의 걸작이다. 이 권총은 19세기 말 미국 기병대에서 제작했고, 평화중재자(Peacemaker)라는 아이러니한 별명이 붙여졌다.

복싱 선수 조지 포먼이 세계 헤비급 타이틀전에서 최고령 우승자가 되었을 때의 나이는 45살이다. 그 뒤 '빅조지(Big George)'는 기독교인으로 거듭났고, 다섯 아들들에게도 자신과 똑같은 이름을 지어 주었다. 이런 충동적인 성격 때문에 조지 포먼은 딸 중 한 명의 이름도 조제타(Georgetta)로 지었다. 1995년 이후, 그의 히트작인 지방 제거 그릴은 5,500만 개가 넘게 팔렸다.

숫자 46은 1963년 존 F. 케네디가 암살당했을 때의 나이이다.
46세는 또한 골프 선수 잭 니클로스가
1986년 'US 마스터즈 대회'에서
최고령 우승자가 되었을 때의 나이이다.

46은 인간의 세포에 있는 염색체의 수다. 염색체는 23쌍으로 구성되어 있고, 자녀들은 부모로부터 각 1쌍씩 총 2개조의 염색체를 물려받는다. 23쌍 중 하나는 성염색체로, 이것이 성별을 결정한다. 여자는 두 개의 X염색체를, 남자는 각각 한 개의 X, Y염색체를 가지고 있다. 만약 아이가 아버지로부터 X염색체 하나를 물려받는다면 아이는 XX염색체를 가진 여자로 태어나고, 만약 Y염색체를 물려받는다면 XY염색체를 가진 남자가 될 것이다. 따라서 아버지의 염색체가 아이의 성별을 결정한다.

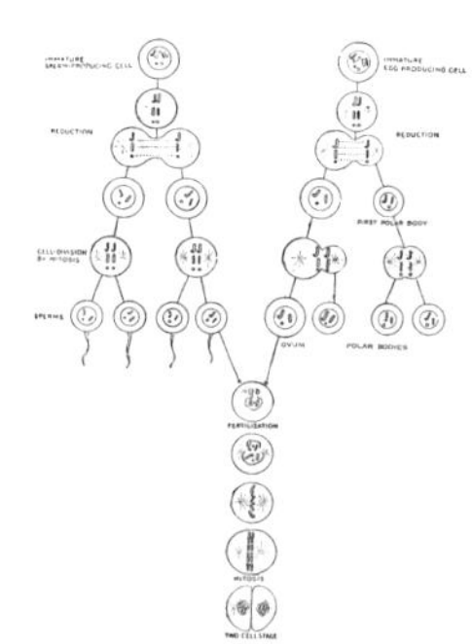

47

❝ 좋아요, 47을 3으로 말한다면 당신은 내가 만난 죄수 중 가장 귀여운 사람입니다 ❞
엘비스 프레슬리의 '제일하우스 록(Jailhouse Rock)' 중에서

AK-47은 세계에서 가장 널리 사용되는 돌격형 소총이다. 숫자 47은 1947년 소총이 만들어진 연도다.

연주회용 하프는 47개의 현을 가지고 있고, *middle C*를 기준으로 아래로 3옥타브, 위로 3.5옥타브가 있다.

★

47 소사이어티는 캘리포니아의 포모나(Pomona) 대학에서 만들어졌고, 그들 자신만의 만족감을 가지고 있다. 그들은 숫자 47이 비상식적이라 할 수 있을 만큼 높은 빈도로 발생한다고 말한다. 이런 사상은 1964년 도널드 벤틀리 교수가 모든 숫자는 어떤 형태로든 47과 같다는 것을 증명하여 말한 것에서 연유한다. 몇몇 포모나 졸업생들은 그들의 영향력을 이용하여 대중문화에 숫자 47을 침투시키려고 했고, 그 대표적인 인물이 바로 조 메노스키다. 〈스타 트렉(Star Trek)〉의 작가인 메노스키는 가능한 한 모든 에피소드에 숫자 47을 집어넣었다. 또한 다른 작가들에게도 에피소드에 47(또는 74)을 습관적으로 인용하라고 권유했다. 그리고 트레키(스타트렉의 팬)까지 가세하여 다양한 웹 사이트에 47의 출현 빈도에 관한 목록을 올렸다. 또한 숫자 47은 데이비드 린치가 제작 중인 공상 영화 〈인랜드 엠파이어(Inland Empire)〉의 제목이기도 하다.

48세 이전에 염세주의자라면 그는 너무 많은 것을 알고 있고,
48세 이후에 낙관주의자라면 그는 너무 적은 것을 알고 있다.

마크 트웨인

48시간은 48가지의 짜릿함이 필요하다.
클래시의 '48 스릴(thrills)'

> 48시간은 일반적으로
> 이틀을 좀 더 극적으로
> 이야기할 때 사용된다.
> 특히 주말이 그러하다.
> 그날은 시계가 똑딱거리며
> 지나간다.

☐ 〈48시간〉(1982)은 에디 머피와 닉 놀테가 주연한 영화로, 유죄를 선고 받은 죄수와 경찰관이 함께 살인자를 추적하는 영화다. 그리고 그들에겐 오직 이틀의 시간이 주어졌다.

*

48은 정확히 10개의 약수를
가지고 있는 가장 작은 숫자다.
1, 2, 3, 4, 6, 8, 12, 16, 24
그리고 48

■ '40과 8(The Forty & Eight)'은 제1차 세계 대전이 끝나고 나서 1920년에 미국에서 설립된 전쟁 퇴역 군인들의 조합이다. 조합의 이름은 프랑스를 탈환하기 위해 군 부대가 이동할 때 사용한 레일 용 수레의 이름에서 따온 것이다. 수레에는 '40/8'이라는 숫자가 새겨져 있었는데, 그것은 40명의 사람이나 8마리의 말이 탈 수 있다는 것을 의미한다.

☐ '48(The Forty-Eight)'은 요한 세바스찬 바흐의 '평균율 클라비어곡집'의 다른 이름이다. 이 작품은 각각의 장조와 단조에 전주곡과 푸가가 있으며, 1, 2권 합쳐 모두 48곡으로 구성되어 있다.

49

49일은 불교에서는 중요한 기간이다. 부처가 신성한 보리수나무 아래에서 명상하여 깨달음을 얻는 데 걸린 시간이 49일이기 때문이다. 불교에서는 영혼이 죽음과 환생 사이에서 49일간을 방황한다고 한다. 따라서 불교식의 장례 의식은 49일간 계속된다.

■ 1956년 헤비급 복싱 챔피언 로키 마르시아노가 은퇴할 때 그의 전적은 49승 0패였다. 그것은 헤비급 복싱 역사상 가장 오랫동안 패하지 않은 기록으로 남았고, 또한 세계 헤비급 챔피언으로서 패배하지 않은 유일한 사람으로 남았다. 그중 43번째 경기에서는 상대를 녹다운으로 무너뜨렸다.

캘리포니아의 골드러시는 1848년 시에라네바다의 작은 언덕에 위치한 수터스 밀이라는 농장에서 시작되었다. 처음에는 그들끼리 비밀을 지키려고 했기 때문에 소문이 천천히 퍼졌지만, 1849년부터는 본격적으로 사람들이 몰려들기 시작했다.

캘리포니아의 황금에 대한 소식은 전 세계로 퍼져 나갔고, 자신의 행운을 시험해 보기 위해 채금을 하려는 사람들이 사방에서 몰려들었다. 이들이 '49년의 사람들(The 49ers)'이다. 그 해에만 금을 캐려는 사람만 90,000명이 캘리포니아로 왔으며, 그로 인해 캘리포니아 생활사에 급격한 변화가 일어났다. 특히 도심 근처에서는 처음으로 파업이 일어났다. 골드러시 이후 처음 5년 동안 약 70억 달러의 가치로 추정되는 금을 캤고, 많은 사람들이 부자가 되었다. 그러나 모든 사람들에게 좋은 소식만 있었던 것은 아니다. '49년의 사람들'의 20명 중 한 명은 행운을 좇는 도중에 죽었으며, 땅을 빼앗기고 공격을 당한 지역 원주민들의 인구는 15만명에서 3만명으로 줄어들었다.

오늘날 우리가 알고 있듯이 캘리포니아를 만든 골드러시는 '신 아메리칸 드림'의 전형으로서 일확천금을 탐하는 문화적인 상징이라고 할 수 있다. 캘리포니아는 1850년에 공식적으로 미국의 31번째 주가 되었으며, 오늘날 이곳은 골든 스테이트(황금의 주)로 불리고 있다. 당연한 이야기지만 샌프란시스코의 NFL팀을 49ers라고 한다.

50

멋진 50년대(Nifty Fifties)는 우리에게 로큰롤, 제임스 딘, 엘비스 프레슬리, 메릴린 먼로, 냉전, 수에즈 운하의 위기, 한국 전쟁, 모드(Mod) 족과 로커들, 재즈, 번화가, 간이식당(diner)과 활기찬 십대들을 선사했다. 1950년대는 20세기 문화의 분기점으로 표시된다. 왜냐하면 제2차 세계 대전 이후 처음으로 맞는 10년이었고, 더불어 한 세기의 중간 지점에 있었기 때문이다. 흥미롭게도 1850년대도 여러 중요한 변화가 있었다. 찰스 다윈이 『종의 기원』을 출판했고, 네안데르탈인이 발견되었다. 또 크림 반도에서 전쟁이 휘몰아쳤으며, 1857년에 일어난 세포이 반란(Indian Mutiny, 인도인 용병의 폭동)은 영국을 위협하는 전조라고 할 수 있었다.

문제는 모두 너의 머리에 있다고 그녀가 내게 말했다.
만약 당신이 그것을 논리적으로 받아들일 수 있다면 대답은 간단하다.
나는 자유를 갈구하는 당신의 고군분투를 도울 수 있다.
사랑하는 사람과 헤어지는 방법은 50가지나 있다.
폴 시몬의 『사랑하는 사람을 떠나는 50가지 방법』

■ 반세기는 시대의 중요한 경계표, 정정당당한 성취, 결혼(결혼 50주년 기념일)과 군주제(50주년 축전)같이 보인다. 'jubilee(축전)'라는 단어는 '숫양의 뿔'이라는 히브리어에서 유래된 말이다. 노예들은 자유를 얻은 지 50주년을 축하하며 그 신호로 뿔을 분다.

50을 나타내는 L은 네 번째 로마 숫자다. 로마 숫자에서 100을 나타내는 C(centum)와 1,000을 나타내는 M(mille)은 사실 로마 글자다. I, V, X, L, D는 숫자를 세는 원시적인 방법으로, 막대기에 칼자국을 새기던 것이 진화된 형태다.

하와이는 미국의 50번째 주다.
1970년대에는 '하와이 Five-O'의 제목을 가진 텔레비전 프로그램이 있었다.

즐거운 숫자 상식사전

□ '지혜의 50가지 관문'은 이스라엘 민족이 이집트를 탈출하는 성서의 이야기에서 유래한 유대 신비주의적 믿음에 그 바탕을 두고 있다. 모세가 시나이 산에서 십계명을 받기 전에 그들은 49일간을 헤매었으며, 그 기간 동안 자기반성을 강요받았다. 오늘날에도 개신교 신자들은 49일을 중시하고 있고, 이에 더해 예언의 50번째 날은 자기 평가의 시간으로 갖는다.

50세에 모든 사람들은 자신이 가치 있어하는 모습을 지니게 된다.

―조지 오웰

> 성적인 매력의 50퍼센트는 당신이 무엇을 가지고 있느냐이고, 나머지 50퍼센트는 사람들이 당신이 가지고 있는 것을 어떻게 생각하느냐이다.
>
> 소피아 로렌

■ '50년법칙(50-Year Rule)'은 한 상품이 제작된 이후로 50년간 저작권이 유지된다는 것이다. 음악에 한해서는 저작권을 95년으로 늘리자는 캠페인이 있었지만, 50년의 기간을 동일하게 적용하고 있다. 많은 국가에서 여러 분야에 걸쳐 제품의 발명자가 죽은 지 50년 동안 저작권이 적용된다. 이 법은 지역마다 다르고 매체마다 다르므로 반드시 확인을 해야 한다.

50개의 달걀

〈탈옥(Cool Hand Luke)〉은 폴 뉴먼이 루커스 잭슨 역으로 출연한 영화다. 영화에서 가장 인상 깊은 장면 중 하나는 한 시간 안에 단단하게 삶은 달걀 50개를 잭슨이 먹을 수 있을지 내기하는 장면이다. 2003년까지 단단하게 삶은 계란 먹기 세계 신기록은 8분 동안 38개를 먹은 것이었다. 하지만 그 뒤, 한 국계 미국인 소냐 토머스가 6분 40초만에 65개를 먹어 치웠다. 이렇게 보면 속도뿐만 아니라 양적인 면에서도 영화 〈탈옥〉이 한참을 뒤진다.

먹기 대회는 국제적인 스포츠가 되었으며, 빨리 먹기 국제 연맹에서 모든 권한을 가지고 있다. 지금까지의 기록을 몇 개 살펴보자.

구운 콩	6파운드(1분 48초)
버터	7 x 1/4파운드 스틱스 (5분)
양배추	6파운드 9온스 (9분)
소 뇌	57개(총 17.7파운드) (15분)
설탕 입힌 도넛	49개 (8분)
바닐라 아이스크림	1갤런 9온스 (12분)
마요네즈	4 x 32온스 보울 (8분)
양파	8.5온스 (1분)
굴	552개 (10분)

51

❝ 민주주의는 폭력주의와 다를 게 없다.
55퍼센트의 국민이 다른 45퍼센트 국민의 권리를 가져가기 때문이다. **❞**
토머스 제퍼슨

파커 51

'**파**커 51'은 유명한 만년필 제품이다. 빨리 증발이 되는 잉크를 보완하기 위해 고안되었는데, 이를 위해 만년필에 새로운 재질의 플라스틱을 사용하게 되었다. 파커 51은 투명 합성수지로 만들어져 잉크와 접촉된 부분이 부식되지 않는다는 큰 장점이 있다. 파커 사의 창립 51주년(1939년) 기념으로 제작되었기 때문에 이 잉크와 만년필에 51이란 상품명이 붙게 되었다고 한다. 1941년에 판매가 개시되었는데, 전쟁 중에 내려진 제조 제한 품목에 따라 필기구에 대한 수요가 폭발적으로 늘어났고, 숫자로 된 상품명 덕분에 전 세계 만년필 시장을 쉽게 공략할 수 있었다. 제한 품목에서 풀리자 파커 사는 소비자의 수요를 만족시킬 수 있었고 1972년까지 수백만 개의 파커 51을 팔아 4억 파운드가 넘는 수익을 남겼다.

★

51은 패스티스(pastis : 색이 투명하며, 알코올 표준 강도 90의 강한 술로써 남부 프랑스에서 매우 유명하다)의 상표 중 하나로, 페르노 리카드(Pernod Ricard)에서 만든, 아니스 열매를 사용한 프랑스 산 주류다. 1951년 술이 처음 출시된 것을 기념해서 이름을 '51'로 지었다.

★

52

52-카드 덱

현재 우리가 알고 있는 카드놀이는 14세기 후반에 전 유럽을 사로잡은 놀이였다. 카드놀이의 개념은 중국에서 처음 전해졌다. 각패 한 벌(하트, 다이아몬드, 클로버, 스페이드)은 각각 13장이고, 각 패에는 3장씩의 그림 카드가 포함되어 있다. '52-카드 덱'은 이집트에서 유럽으로 소개되었다. 오랜 시간 동안 패의 명칭과 상징이 바뀌는 일련의 실험 과정을 거친 뒤에, 마침내 프랑스에서 현재의 모양인 하트, 다이아몬드, 스페이드, 클로버의 4종의 카드 덱을 확립했다. 프랑스 어로는 각각의 이름을 coeurs(하트), carreaux(다이아몬드), piques(스페이드), trefles(클로버)이라고 불렀다. 영어의 'spades'는 이탈리아 어에서 '칼'을 뜻하는 'spade'에서 유래되었고, 예전의 패에서 문장으로 사용하던 칼 모양도 그대로 가져왔다. 프랑스 인들은 에이스가 제일 높다고 생각했고, 그로 인해 가장 낮은 수가 가장 높은 수의 지위를 차지하게 되었다.

 조커는 19세기 미국에서 처음으로 만들어졌으며 포커와 함께 유럽으로 전파되었다. 현재 스페이드 에이스에 제조자 마크를 인쇄하는 관습은 스코틀랜드의 왕 제임스 1세가 카드의 판매와 제조에 세금을 낸 제조업자들을 증명하기 위해 납부 직인을 찍어 준 데서 유래한다.

이 52-카드 덱은 포커 또는 앵글로-아메리칸 덱이라고도 한다. 지금은 전 세계적으로 다양한 형태의 카드 덱들이 사용되고 있고, 52-카드 덱과는 다른 숫자들을 사용하는 카드 덱도 존재한다. 예를 들어 러시아에서는 1부터 5까지의 카드들은 버린다.

> **❝ 사랑은……**
> **2분 52초의 질퍽한 소음이다. ❞**
> 존 라이든

63세가 되는 것과 53세가 되는 것은 큰 차이가 없다고 생각한다.
하지만 내가 53세였을 때 43세와는 먼 거리가 있었고 현 기증을 느꼈다.

시몬 드 보부아르(프랑스의 페미니스트 철학자이자 작가)

☐ 53은 허비(Herbie)의 수다. 폭스바겐 비틀 시리즈의 생각하는 자동차 '허비'는 영화에 다섯 번 출연했다.

〈The Love Bug〉 (1968)
〈Herbie Rides Again〉 (1974)
〈Herbie Goes to Monte Carlo〉 (1977)
〈Herbie Goes Bananas〉 (1980)
〈Herbie : Fully Loaded〉 (2005)

보통 이 루빅큐브에는 색칠이 된 54개의 사각형이 있다 (6면에 9개씩의 사각형). 면당 4개, 16개 및 25개, 심지어 121개의 사각형이 있는 루빅큐브도 있지만 표준은 9개다. 에르노 루빅이 1974년에 만든 오리지널은 1980년에 출시되어 불과 2년 만에 1억 개가 넘게 팔렸다. 루빅큐브는 현재까지 2억 5천만 개가 팔렸으며, 가장 많이 팔린 장난감 중에 하나다. 9×9 큐브에는 43,252,003,274,489, 856,000개의 서로 다른 가능성이 있지만 언제나 27회 미만의 조작으로 해결할 수 있다.

＊ '스튜디오 54'는 1970년대 후반 뉴욕 디스코 열풍의 중심에 있던 클럽 이름이다. 맨해튼 54번 거리에 있으며, 1977년부터 1986년까지 9년 동안 수많은 유명 인사들과 젊은이들이 다녀갔다. 1998년에는 이 클럽을 소재로 한 영화가 만들어지기도 했다.

55

아프리카는 55개의 나라가 있다.

알제리, 코트디부아르 공화국, 리비아, 세네갈, 앙골라, 지부티, 마다가스카르, 세이셸, 베냉, 이집트, 말라위, 시에라리온, 보츠와나, 적도기니, 말리, 소말리아, 부르키나파소, 모리타니, 남아프리카공화국, 부룬디, 에리트레아, 모리셔스, 수단, 카메룬, 에티오피아, 모로코, 스와질란드, 카보베르데, 가봉, 모잠비크, 탄자니아, 감비아, 나미비아, 우간다, 토고, 중앙아프리카 공화국, 가나, 니제르, 튀니지, 차드, 기니, 나이지리아, 코모로 이슬람 연방 공화국, 기니비사우 공화국, 콩고공화국, 케냐, 르완다, 콩고(민주공화국), 레소토, 상투메 프린시페, 라이베리아, 잠비아, 짐바브웨, 서사하라, 리유니온

55 크로레(crores)는 1974년 인도와 파키스탄 간에 국제적 분쟁의 원인이 되었던 금전의 규모다. 힌두의 숫자 계산법으로 보면 1라크(lakh)는 10만 루피(rupees)이고 1크로레는 100라크이므로, 1크로레는 1,000만 루피를 나타낸다. 숫자를 표기할 때 콤마를 찍는 위치는 기준에 따라 다른데, 라크 단위와 크로레 단위는 콤마를 표시하지 않고, 백만(million)과 천만(billion)에는 콤마를 표시한다. 그러므로 55크로레는 550,000,000루피로 쓴다.

인도와 파키스탄이 분할될 때, 인도는 파키스탄의 정착 자금으로 75크로레를 지급하기로 했고, 그중 20크로레는 큰 탈 없이 지불했다. 하지만 파키스탄 정부에 의해 지원을 받은 것으로 알려진 폭도들이 카슈미르 지방을 침략하자 인도 정부는 잔여금인 55크로레의 지급을 보류하기로 결정했다. 간디는 인도 정부에 잔여금 지급을 강력히 주장했고, 그 때문에 1948년 1월 30일 간디의 암살이 발생했을 것이라고도 한다.

숫자로 보는
아프리카

아프리카는 전 세계 육지의 20퍼
센트를 차지하지만, 인구는 전 세
계 인구의 10퍼센트만이 거주하
고 있다. 아프리카는 가장 높은
기온뿐만 아니라 가장 긴 강을 자
랑하고 있다.

면적

30,065,000km2

전체 육지에 대한 비율

20%

인구(근사치)

900,000,000명

인구 밀도(Km²당)

30

최고점

킬리만자로 산 5,895m

최저점

아살 호수 156m(평균 해수면 아래)

가장 긴 강

나일 강 6,690km

최고 기록 온도

58℃(리비아의 엘 아지지아, 1922)

최저 기록 온도

−24℃(모로코의 이프란, 1935)

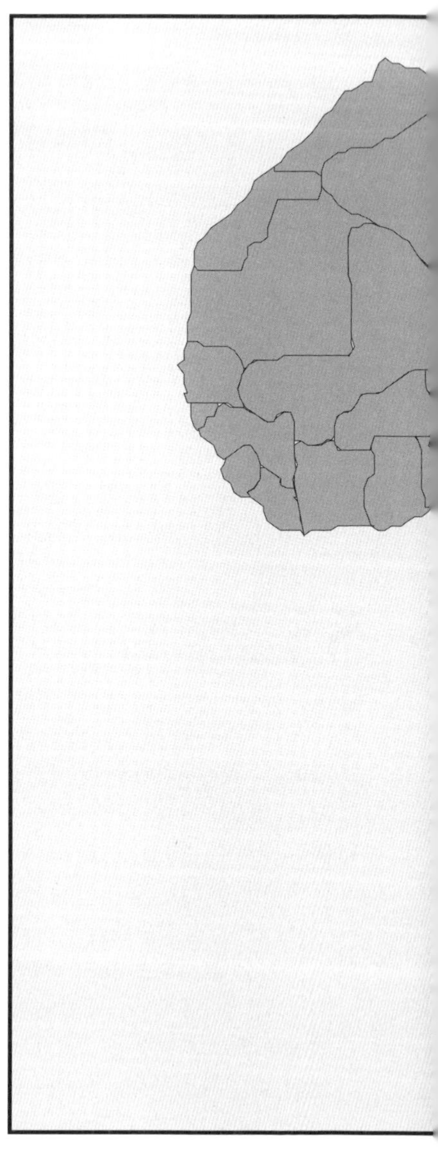

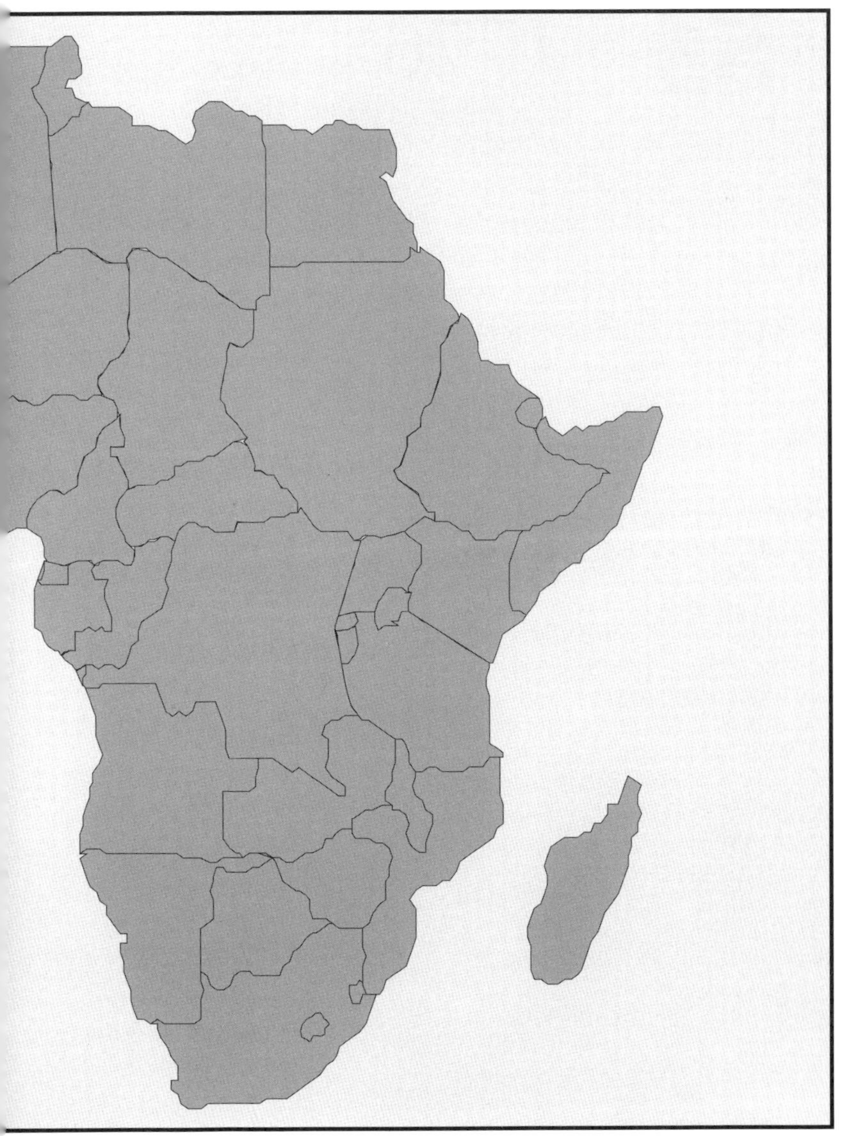

56

1776년 미국 독립 선언문에는 13개 주의 대표 56명이 서명했다. 그들 중 가장 유명한 사람은 펜실베이니아의 벤저민 프랭클린, 매사추세츠의 존 핸콕과 미래의 두 대통령인 매사추세츠의 존 애덤스와 버지니아의 토머스 제퍼슨이다. 13개 주는 다음과 같다.

델라웨어, 뉴욕, 뉴저지, 펜실베이니아, 조지아, 코네티컷, 매사추세츠, 버지니아, 메릴랜드, 뉴햄프셔, 노스캐롤라이나, 사우스캐롤라이나, 로드아일랜드

56파운드는 1헌드레드웨이트(hundredweigt는 야드파운드계의 질량 단위를 말하며, 이것은 영국과 미국이 서로 다르다. 영국에서는 112파운드가 50.802kg, 미국에서는 100파운드가 45.359kg이다.— 옮긴이)의 절반이다.

56.5

56.5인치는 전 세계의 철도 표준 규격이다. 이 값을 현장에서 선호하는 피트 단위로 계산하면 4피트 8 1/2인치이다. 이 규격은 영국 도량형을 이용한 수치로, 로마 제국의 유산이 영국까지 영향을 끼친 것을 알 수 있다.

로마 인들이 전차를 제작할 때, 바퀴 사이 간격은 말 두 마리를 횡으로 연결할 수 있는 거리를 표준 규격으로 정할 필요가 있었다. 바퀴 달린 마차가 반복해서 지나가자 땅에 바퀴 자국이 생겼고, 이로 인해 깊은 홈이 생겼다. 따라서 이 바퀴 자국에 맞지 않는 운송 수단은 애물단지가 될 수밖에 없었다. 더 많은 도로가 건설되자 로마 제국은 온 나라에 표준 규격을 배포했다. 1814년 영국의 급속한 산업 발달사를 보면, 조지 스티븐슨이 최초의 기관차를 발명했다. 스티븐슨은 말이 끄는 수레로 인한 노면 상태에 대해 해결책을 찾다가 그가 살던 뉴캐슬 인근 탄광에 선로를 설치하고는 이 선로에서 운용될 기관차를 설계했다. 이때 그의 이름을 딴 표준 규격이 4피트 8.5인치였다.

철도가 보급되면서 표준 규격 제정이 시급해졌고, 1845년에 영국 정부는 4피트 8 1/2인치를 표준 규격으로 규정했다. 하지만 공학에 천부적인 능력을 발휘한 아이삼바드 킹덤 브루넬은 이에 반대하며 4피트 8.5인치가 최적의 수치라고 주장했다. 물론 그의 판단이 타당할 수도 있었지만 그의 주장은 수적으로 밀려 채택되지 못했다.

영국의 기술자가 설치하고 제작한 선로 및 기관차가 전 세계로 보급됨에 따라 영국의 선로 규격도 전 세계로 급속히 전파되었다. 그리하여 오늘날 전 세계 철도의 60퍼센트가 4피트 8.5인치 규격의 선로를 운용하게 되었다.

숫자 57이 여러 종류의 하인즈 소스(Heinz sauces)와 가장 관련이 깊다는 사실은 마케팅의 저력을 보여 주는 증거라고 할 수 있다. 그렇다면 상표의 '57 VARIETIES'의 의미는 무엇일까? 엄밀히 말하자면 특별한 의미는 없다. 하인즈 사에서 임의로 숫자를 선택해 상표에 표기한 것이다.

정 궁금하다면 피츠버그에 위치한 하인즈 본사로 전화를 걸거나 그 주소로 우편물을 보낼 수 있다.

숫자 58은 웨일스의 유명한 동네 이름인 Llanfair pwllgwyngyllgogerychwyrndrobwllllanty siliogogogoch의 단어 수다. 이것은 장남삼아 만든 것처럼 보이지만 사실은 다음과 같은 의미를 가지고 있다. '성 티실리오의 붉은 동굴 쪽의 빠른 소용돌이에 가까이 있는 하얀 개암나무 쪽의 움푹 파인 땅에 있는 성 마리아 교회'. 실제로 그곳은 웹 사이트를 운용하고 있으며, '세계에서 가장 긴 웹 사이트 주소'를 자랑하고 있다. 웹 사이트의 주소는 다음과 같다. www.Llanfairpwllg wyngyllgogerychwyrndrobwllllantysiliogogogochuchaf.com
영국에서 가장 긴 이름을 가진 마을의 지명이 Llanfair(또는 LlanfairPG)인 반면, 기네스북에 공식적으로 등재된 가장 긴 도시명은 뉴질랜드의 Tetaumatawhakatangihangakoau aotamateaurehaeaturipukapihimaungahoronukupokaiwhenuaakitanarahu 로 총 92글자다. 명칭의 의미는 '거대한 무릎을 가졌으며 미끄러지듯이 올라 산을 감싸고, 흙을 먹는 사람으로 알려진 타마테아(Tamatea)가 사랑하는 사람을 위해 플루트를 불던 장소'라는 뜻이다.
또 공인되지는 않았지만 가장 긴 이름의 도시는 태국에 있으며 단어 수는 167자다.
Krungthep Mahanakhon Bovorn Ratanakosin Mahintharayutthaya Mahadilokpop Noparatratchathani Burirom Udomratchanivet Mahasathan Amornpiman Avatarnsathit Sakkathattiyavisnukarmprasit이며, 의미는 '방콕'이다. 믿기 어렵겠지만 LA와 비슷하게 '천사의 도시(city of angel)'로 번역된다.

✳

1922년 리비아의 기온이 섭씨 58도를 기록했다. 이것은 기온 관측 사상 최고로 높은 온도였다.

" 내가 사랑하는 인생, 그 모든 것이 매혹적이네 "
사이먼 & 가펑클의 '59번가 다리의 노래'

퀸스보로 다리(Queensboro Bridge)라고도 알려진 이 다리는 뉴욕 이스트 강에 설치되어 있으며, 맨해튼과 롱아일랜드를 연결하고 있다.

■ 지구가 59번 회전하는 동안 수성은 한 번 돈다.

만약 당신이 1960년대를 기억한다면 당신은 그곳에 없는 것이다. 인류 역사상 가장 과장된 10년이자 자유분방했던 1960년대는 큰 변화의 기간이기도 했다. 당시에는 마약, 섹스, 로큰롤이 혁신, 전쟁, 암살과 뒤섞여 있던 시대였다. 1960년대 말에는 인류가 달에 첫발을 내디뎠다. 팝 순위나 시위에 미쳐 있던 사람들에게는 대단한 10년이었지만, 그 외 다른 이들에게는 평범한 10년이었을 수도 있다.

시속 60마일은 속도 제한을 최초로 규제한 영국에서의 제한 속도다. 최초의 자동차 제한 속도는 1981년 당시 시속 10마일이었지만, 4년 뒤에 2톤 차량이 말과 충돌하는 대형 사고가 발생하면서 시속 4마일로 낮아졌다. 또한 안전을 더욱 확보하기 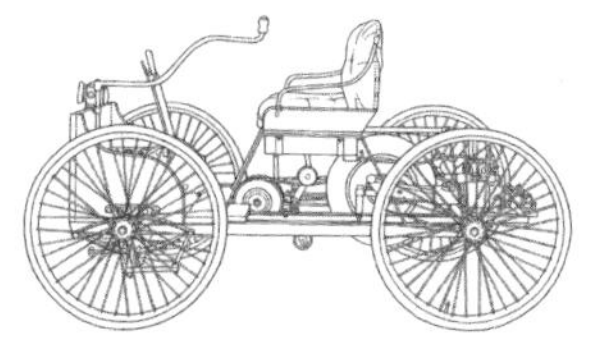 위해서는 적색 깃발을 든 사람이 운행 차량의 600야드 앞에서 걸어야 했다. 이 규정은 31년간 유지되었고, 1896년 속도 제한이 시속 14마일로 높아지면서 사라졌다.

수메르 인의 60

60은 고대 문명에서 매우 중요한 숫자였다. 7,000년 전 중동의 지배 세력이던 수메르 인은 수치를 측정하기 위해 우리가 현재 사용하는 10진법을 생각해 냈다. 60은 수학자들에게도 상당히 다양하게 쓰이는 숫자다. 이 수는 1부터 6까지, 그리고 10, 12, 15, 20, 30, 60으로 인수 분해가 될 수 있다. 수메르 인은 하늘을 6구역으로 나누고 각각 60단위로 구분했다. 또한 원은 360도, 각 도는 60분으로, 각 분은 60초로 나누었다. 이것은 현재의 기하학과 시간 측정에도 이용이 되는 시스템이다. 수메르 인은 60도가 정삼각형의 한 내각의 크기라는 것을 이미 인식하고 있었다.

계산에서 60의 중요성은 현재에서도 분명히 드러난다. 프랑스에서는 10의 배수 중 60을 넘는 수에는 따로 이름을 붙이지 않는다. 대신에 60과 80 사이의 숫자들은 60에 더한 숫자로 세어진다. 예를 들어 75는 'sixty-fifteen'이다.

이와 비슷하게 예전의 영국에서는 60을 'three-score', 70을 'three score and ten'이라 하였다. 물론 요즘도 가끔 사용할 때가 있다.

중국의 태음력은 60년 주기이며, 이를 천간지지(天干地支) 주기라고 한다.

*

영국의 옛날 화폐 단위에서 60펜스를 크라운(crown)이라고 했다.

*

중국식 체스(Chinese Checker)에는 60개의 말이 있다.

*

결혼 60주년을 맞이한 부부는 다이아몬드기념일로 축하한다.

61

대니 웨이는 2005년 7월 9일 스케이트보드를 타고 만리장성을 뛰어넘은 첫 번째 사람이다. 이를 위해 대니 웨이는 시속 50마일에 도달할 때까지 가파른 경사로를 타고 내려가야만 했다. 만리장성을 통과할 때의 높이는 61피트나 됐다.

★

> **❝** 지금의 내 다섯째 딸이 12일 밤에 첫째 아빠에게 모든 것이 잘못됐다고 말했어.
> 내 생각에 그녀가 말한 것은 너무 모르고 한 소리야.
> 그는 이리 와서 빛 안으로 서 보라고 했어.
> 그가 "흠, 네가 옳구나,"라고 말했어.
> 내가 둘째 엄마에게 모두 정리됐다고 말할게.
> 하지만 둘째 엄마는 일곱째 아들과 같이 있었어.
> 그리고 그 둘은 61번 고속도로를 떠났어 **❞**
>
> 밥 딜런의 '다시 찾은 61번 고속도로'

의문의 블루스 고속도로(The Blues Highway, US Route 61)는 미시시피 상류의 뉴올리언스에서 캐나다 변두리까지 1,400마일(약 2,253km)을 연결하고 있다. 엘비스 프레슬리는 61번 고속도로 인근의 공영 주택에서 성장했고, 마틴 루서 킹 목사는 61번 도로 인근의 한 모텔에서 저격수의 총격을 받고 살해되었다.

62

월리스와 그로미트는 서 왈라비 가의 62번지에 산다.

★

■ 7월과 8월은 총 62일로 가장 많은 일수를 가진 연속된 달이다.

63

63년은 역사 중에서 여왕들의 지배기로 기록되어 있다. 빅토리아 여왕은 1837부터 1901년

까지 총 63년 7개월 2일을 통치했다.

숫자 64는 또 다른 다기능 숫자다. 이는 일곱 개의 약수를 가진 가장 작은 숫자다(1, 2, 4, 8, 16, 32, 64). 1을 제외한 첫 번째 약수 세 개의 제곱이나 세제곱 또는 6제곱으로 표현할 수 있다.

$$2^6 = 64$$
$$4^3 = 64$$
$$8^2 = 64$$

❝ 내 나이 들어 머리카락이 빠질 때 지금부터 수년이 흐르면…… ❞
비틀즈의 '내가 64세가 될 때'

■ '64달러짜리 질문'은 '대성공(jackpot)'을 뜻한다. 이는 1940년대 미국 라디오 방송의 '이기거나 그만 두거나(Take It or Leave It)'라는 게임 쇼에서 유래됐다. 최근에는 "그거 6,400만 달러짜리 질문이군."이라고 하는데, 이는 64달러가 흥분하기에는 너무 작은 금액이기 때문이다.

□ 브라유(Braille)는 1821년 루이스

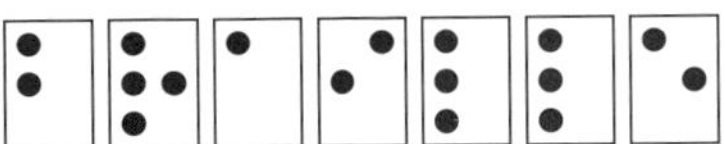

브라유가 고안한 시각 장애인용 점자로, 총 64개 점자를 이용해 글자를 만든다. 브라유는 여섯 개의 점을 2줄에 3개씩 배열하는 방식을 이용한다. 즉,

각각의 점자들은 도드라지게 새겨져 있고, 서로 다른 개수의 점을 종이에 배치하여 표현하기 때문에, 시각 장애인들은 이를 손가락으로 만져서 인식할 수 있다. 최근에 사용 중인 8점 점자 체계는 보다 폭넓은 범위의 글자를 표현할 수 있다.

■ 64종의 기예는 남녀의 사랑에 관한 성애(性愛) 지침서 『카마수트라』에 상세히 기술되어 있다. 인도의 바츠야야나가 저술한 것으로 알려진 『카마수트라』는 고대 인도 문화와 성애에 관한 연구에 매우 중요한 문헌이다. 여기에는 여덟 가지 연애법과 여덟 가지 가능한 체위에 대해 기술하고 있는데 체위에 관해 『카마수트라』는 극히 일부분만을 할애하고 있다.

팔괘에 나오는 64개의 6선형
(숫자 8 참조)

*

체스판 위 64개의 정사각형

❝ *65세 은퇴는 바보짓이지요. 내가 65세일 때 내 얼굴에는 여전히 여드름이 있었어요.* **❞**

조지 번스(코미디언)

1959

년 이후에 태어난 사람들을 위해 정년이 67세로 정착되면서 미국에서 65세는 더 이상 합법적인 은퇴 연령이 아니다. 65세 정년은 영국, 독일 및 몇몇 국가에서 남자들의 은퇴 연령으로 남아 있지만 기대 수명의 연장은 모든 것에 변화를 가져올 것이다.

결혼기념일과 관련된 전통적 재료가 신비하게도 65세에서는 없다. 65년간 결혼생활을 유지하는 것은 드문 일로 보이겠지만, 70번째 결혼기념일도 있다.

결혼기념일과 연관된 전통적 소재들을 살펴보자.

1 종이	8 청동	14 상아	45 사파이어
2 솜	9 도기류	15 크리스털	50 금
3 가죽	10 주석, 알루미늄	20 자기류	55 에메랄드
4 리넨(아마사)	11 강철	25 은	60 다이아몬드
5 나무	12 비단	30 진주	70 백금
6 철	13 레이스(끈)	35 산호	75 다이아몬드(再)
7 양모		40 루비	

하지만 65가 모두 나쁘지만은 않다.
만약 당신이 마방진을 좋아한다면
5×5 마방진에서는 항상 65이다.

17	24	1	8	15
23	5	7	14	16
4	6	13	20	22
10	12	19	21	3
11	18	25	2	9

66

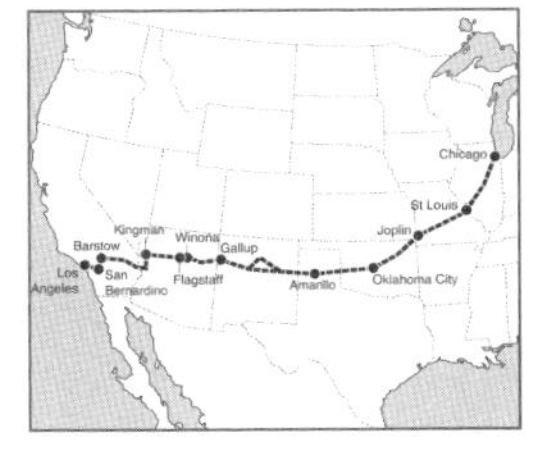

밥 딜런에게는 미안한 일이지만 (숫자 61 참조), 66은 록 음악과 관련된 가장 유명한 도로의 숫자다. '61번 고속도로(Highway 61)'가 많은 노래에 삽입됐다고는 하지만, 넷 킹 콜이 인기를 얻은 1946년 이래로는 '66번 국도(Route 66)'가 가장 많은 주목과 관심을 받았다. 그 도로는 시카고부터 로스앤젤레스까지 6개 주를 관통하며-"이 길은 2,000마일 이상이네."-수많은 지역을 지나는데, 만약 그렇지 않았다면 어떤 주목도 끌지 못했을 것이다.

세 가지 중요한 사건으로 인해 66은 영국 역사에서 특별한 숫자로 간주된다.

1066년 – 노르만 정복
1666년 – 런던 대 화재
1966년 – 영국 월드컵 우승

67

7 이 들어간 또 다른 소수인 67은 흥미로운 승법 연산을 만들어 낸다.

$$67 \times 67 = 4,489$$
$$667 \times 667 = 444,889$$
$$6,667 \times 6,667 = 44,448,889$$

등등

68

■ 1871년의 제3프랑스 공화국 탄생과 1939년의 독일 침공까지의 기간은 68년이다.

'68 출판사(Sixty-eight Publishers)'는 1971년 체첸 망명자들이 캐나다에 설립한 출판사 이름이다. Sixty-eight는 소련이 체코슬로바키아를 침공했던 1968년을 의미한다. 이 시기는 정치적 불안이 전 세계적으로 팽배한 해였다. 파리와 멕시코시티에서의 학생들의 봉기, 미국의 민권 신장, 런던과 미국에서의 베트남 전쟁 반대 시위, 마틴 루터 킹 목사와 존 F. 케네디 대통령의 암살 사건이 있었다.

숫자로 보는
북아메리카

북아메리카는 미국, 캐나다, 멕시코로 구성되어 있으나, 이곳 국민들의 일인당 연간 에너지 사용량은 다른 대륙에 비해 두 배이자 전 세계 평균의 네 배인 93,000 kWh를 소비한다고 한다.

넓이

24,256,000Km²

전 지구면적 중 차지하는 비율

16%

인구수(대략)

515,000,000명

인구 밀도(km²당)

21

최고점

매킨리 산 6,194m

최저점

데스벨리 86m(평균 해수면 아래)

가장 긴 강

미주리 주 미시시피 강 6,236km

기록상의 최고 기온

57℃(데스밸리, 1913년)

기록상의 최저 기온

−63℃(캐나다의 스내그, 1947년)

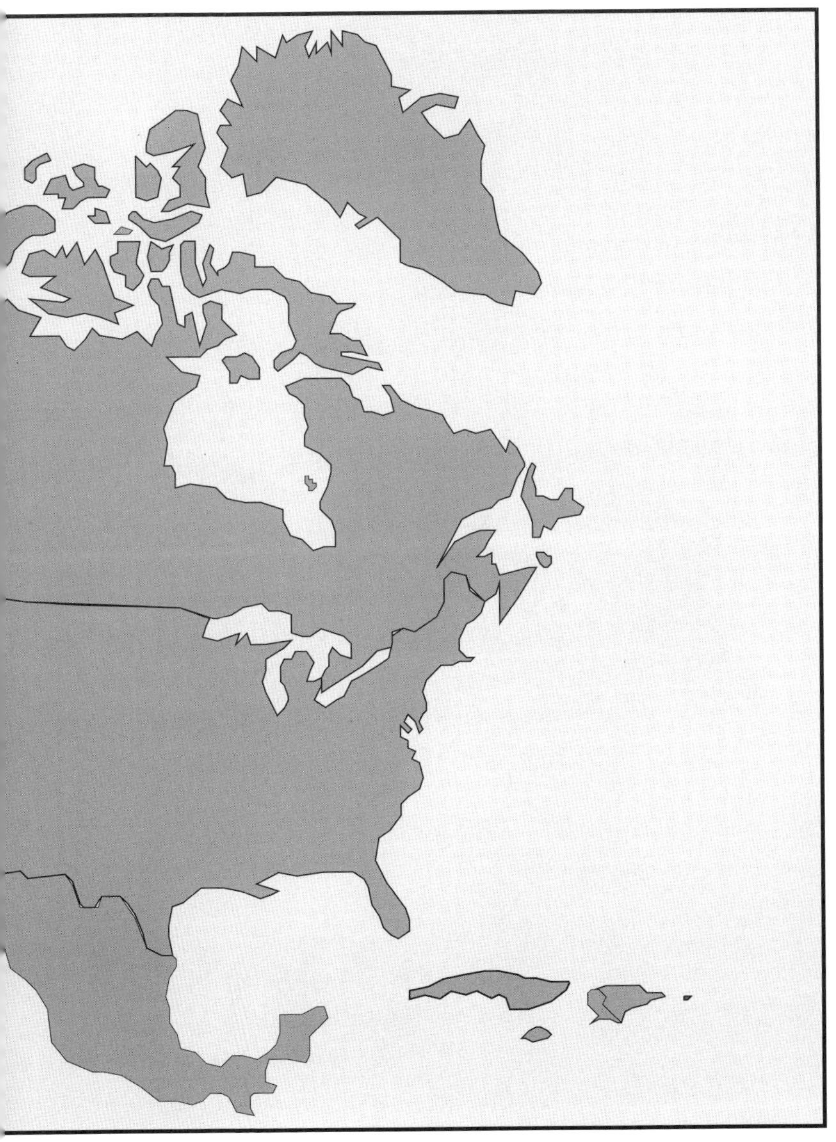

69

69는 체위를 나타내는 통속적인 용어다. 『카마수트라』는 이를 까마귀 무리라고 표현했지만 '69'의 의미는 시각적 이미지로 더 확실해진다. 성애를 상징하는 이 단어 (soixante-neuf)는 1800년대 프랑스에서 만들어졌다.

조지 워싱턴은 69표로 미국의 초대 대통령이 되었다.

■ 69는 한 어머니가 출산한 자녀들의 수로, 그중 67명이 생존했다. 이 기록은 18세기경 러시아 슈야(Shuya)의 한 여자가 세운 것이다. 출산은 27회였고 모두 쌍둥이였다.

☐ 16쌍의 쌍둥이 (32)

☐ 7번의 세쌍둥이 (21)

☐ 4번의 네쌍둥이 (16)

'뱃 69(Vat 69)'는 위스키의 상표

"인생은 기껏해야 70년, 근력이 좋으면 80년이지만 그나마 고생과 슬픔뿐이오니 덧없이 지나가고 우리는 나는 듯 가 버리나이다. "

시편 90

'**60**년과 10(Three score years and ten)'은 오래전 영국에서 70년을 일컫는 말이었다 (score는 20을 나타낸다). 성경에 나온 이 구절은 인간의 수명을 완곡한 어법으로 표현한 것인데, 평균 기대 수명이 70세(숫자 40 참조)로, 불과 수십 년 사이에 높아진 것을 생각하면 다소 생경스럽게 느껴질 것이다. 'three score and ten'이란 수는 성경에 많이 나타난다.

■ 70은 '신비(weird)'한 숫자다. 이는 자신을 제외한 모든 약수의 총합이 그 자체보다는 크지만 어떤 조합으로도 70을 만들 수는 없다는 것이다.

$$1+2+5+7+10+14+35=74$$
$$그러나\ 35+14+10+7+5=71$$
$$그리고\ 35+14+10+7+2+1=69$$

70 이하의 신비한 수는 존재하지 않는다. 또 다른 신비한 수로는 836이 있다. 이 같이 신비한 수는 무한하다고 증명이 되었지만 아직까지 어느 누구도 홀수인 신비한 수를 찾지는 못했다.

블랙버드로도 알려진 'SR-71'은 1998까지 미국 공군이 사용한 정찰기다. 1974년 9월 1일 이 비행기는 뉴욕에서 런던까지 콩코드 비행 시간의 절 반 정도인 1시간 54분 56.4초의 공식 기록을 수립했다.

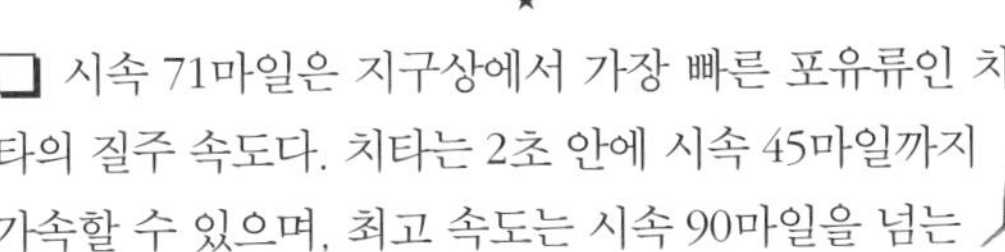

★

□ 시속 71마일은 지구상에서 가장 빠른 포유류인 치타의 질주 속도다. 치타는 2초 안에 시속 45마일까지 가속할 수 있으며, 최고 속도는 시속 90마일을 넘는

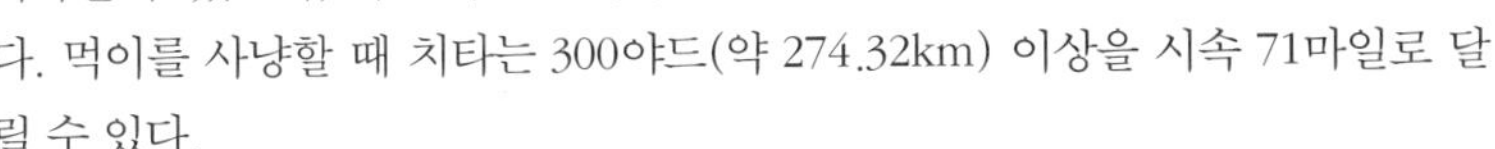

다. 먹이를 사냥할 때 치타는 300야드(약 274.32km) 이상을 시속 71마일로 달릴 수 있다.

72

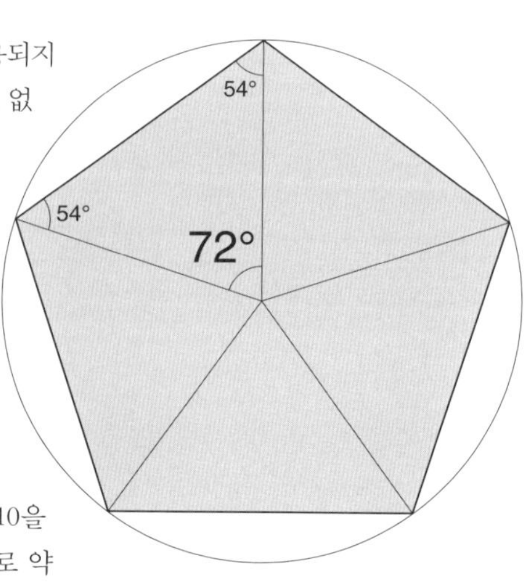

72는 몇몇 종교에서 특별한 의미를 지니는 것처럼 보인다. 카발라(숫자 27 참조)에 따르면, 신은 72개의 이름을 가지고 있다. 이슬람 전통에서는 72명의 '아내(wives)'가 천국의 사람들을 기다린다. 예수는 72명의 제자들을 파견했다.

72는 과학 분야에도 확실히 응용되지만 아마도 이 둘은 아무 관계도 없을 것이다.

☐ 72도는 원주의 5분의 1이다. 따라서 이는 정오각형이나 그리스도 5상을 상징하는 펜타그램을 작도할 때 사용하는 치수다. 악마 숭배자들은 반기독교의 상징으로 이를 뒤집어 사용한다.

■ 72는 70의 약수가 되는 5, 7, 10을 제외한 1부터 10까지의 모든 수로 약분이 가능하다. 숫자 70과 72는 종교와 신화에서 꾸준히 출현한다. 왜 신화에서 6, 7, 10, 12와 같은 숫자에 호의를 표하는지 그 이유를 이해하면 이런 숫자들을 적절히 조합했을 때 70이나 72가 된다는 사실은 쉽게 추론할 수 있다.

☐ 세계에서 가장 긴 문자인 캄보디아 문자에는 무려 72개의 글자가 있다.

'72법칙(The Rule of 72)'은 복리(compound interest)를 빠르게 계산하기 위해 금융에서 사용하는 간편한 방법이다. 만약 당신의 돈을 두 배로 불리는 데 소요되는 기간을 알고 싶다면 이자율을 72로 나누어 얻어지는 수가 소요되는 기간이 될 것이다. 오차의 한계는 이자율이 증가할수록 커진다. 10% 이자율의 정확도는 1년에 1/10이고 20% 이자율의 정확도는 2/10이다.

인간의 심장 박동은
분당 평균 72회

72는 18홀 골프 코스에서
가장 일반적인 기준 타수(par)다.
*
72시간은 3일이다.

컴퓨터의 72

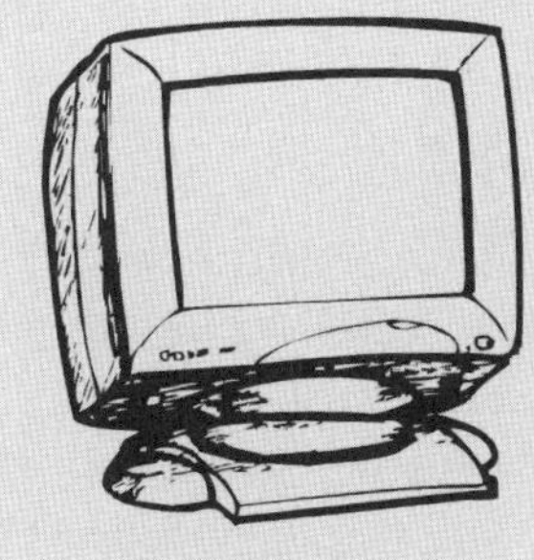

■ 72Hz는 일반적으로 컴퓨터 모니터의 최저 추천 화면 재생 빈도다. 이는 스크린의 이미지가 최소한 초당 72회 이상 재생되어야 함을 의미하는데, 그렇지 않으면 인간의 눈에는 화면이 깜박이는 것처럼 보일 것이다.

■ 72dpi는 컴퓨터 스크린의 표준 해상도다.

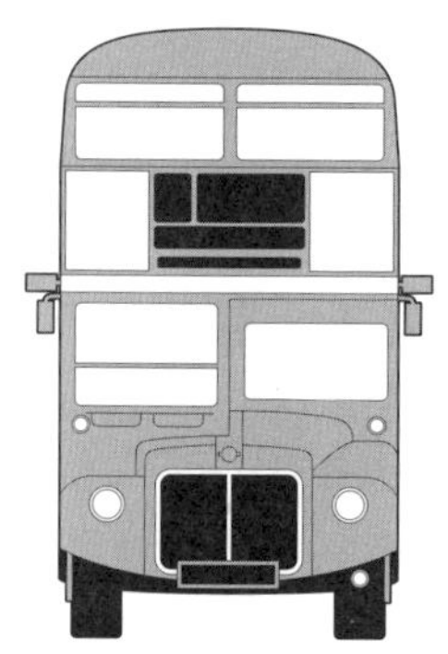

만약 666이 짐승의 수라면, 73은 버스 번호를 나타내는 숫자다. 19처럼 73번 버스는 런던 시민들 사이에서는 전설이다. 이 버스는 빅토리아에서 토튼햄 사이를 운행했는데, 코미디언들은 이 노선을 자신들의 고정 버스 노선이라고 주장했다. 뒷문이 없고 2층으로 된 고풍스러운 루트마스터(Routemaster) 버스는 2004년 많은 승객들의 아쉬움 속에서 운행을 멈췄다. 상투적 표현이라 할 수 있는 '클래펌 버스를 탄 승객(the man on the Clapham omnibus)'은 '평범한 시민'을 축약하여 말한 것이다. 이는 19세기 신문 기자인 월터 배고트가 사용한 용어로, 그는 가상의 평균적인 런던 시민을 함축적으로 묘사하길 원했지만 그가 만들어 낸 승객은 버스 뒤에 앉은 대머리의 모습이었다.

★

'73'은 아마추어 무선광(狂) 사이에서
"행운을 빕니다(all the best)."라는 뜻의 은어였다.

디스코디언(Discordian : 현대 종교 중 하나) 달력에는 각 73일인 다섯 계절이 있다. 디스코디아니즘은 '종교로 가장한 농담으로 가장한 종교(a religion disguised as a joke disguised as a religion)'로 묘사되는데, 뜻을 뒤집어도 동일한 표현이다. 디스코디아니즘은 불화와 혼돈도 우주에서 가치있는 작용하는 확실한 부분이라는 것을 인정하면서 시작한다. 다섯 계절은 그레고리안 달력과 같이 1월 1일부터 시작하고 다음과 같다.

혼돈(Chaos)	혼동(Confusion)	재난의 여파(Aftermath)
불화(Discord)	번잡함(Bureaucracy)	

'Seventy-four'는 74개의 포가 장착된 18세기의 프랑스 군함이었다. 이 군함은 상당히 실용적인 디자인과 충분한 화력, 동시에 민첩성과 기동력을 갖추고 있었고, 증기선 시대가 도래할 때까지 다른 해군에서도 많이 사용했다.

75 75퍼센트의 사람들이 'seventy-five percent' 란 표현을 'three-quarters' 보다 많이 사용한다.

> 많은 남자들이 정신적으로 *25세*에 사망하고
> *75세*가 될 때까지 매장되지 않는다.

벤저민 프랭클린

1998년 12월 14일, 이언 리고는 영국의 텔레비전 게임 쇼인 '100퍼센트'에 75번째 출연하며 게임쇼 최다 출연 세계 신기록을 세웠다. 하지만 이 기록이 이언 리고를 영웅으로 만든 것은 아니었다. 그의 연승은 제작사가 출연 규칙을 바꾸면서 끝나 버렸다. 이에 불만을 품은 시청자들의 항의에 제작진들은 연속 출전 최대한도를 25승으로 제한했으며, 73회째 승리 후 이언 리고에게 2회 이상의 추가 출연이 불가능함을 통보했다. 리고도 로키 마르시아노(미국의 프로 복싱 선수)처럼 무패를 기록했지만 샴페인과 총 우승 상금으로 7,500파운드(회당 100파운드)만 받고 쇼에서 사라졌다.

반면 미국의 게임 쇼인 '제퍼디(Jeopardy)'에서, 2004년 리고의 기록과 동률을 기록한 켄 제닝스는 75번째 출연이 실패했음에도 불구하고 리고와 달리 2,520,000달러를 상금으로 받으며 일약 전설이 됐다.

76 '**필**라델피아 76ers'는 미국이 독립한 해(1776)로 팀명을 지은 미국 농구팀이다. 1939년에 '시라큐스 내셔널스(Syracuse Nationals)'로 창단한 76ers는 NBA 내에서 가장 오랜 역사를 가진 구단이다. 이 팀은 NBA에서 1955년, 1967년 그리고 1983년에 우승을 했다.

*

> *76개의 트롬본은 큰 퍼레이드를 이끌었고,*
> *110개의 코넷이 바짝 그 뒤를 따르네.*
> *그들은 줄지어 행진하며,*
> *최고의 거장들은,*
> *유명 밴드의 정화.*

1957년부터 뮤지컬 〈음악가〉의 테마곡이었던
아트 메러디스의 '76개의 트롬본'

$$77=16+25+36=4^2+5^2+6^2$$

스도쿠에서 퍼즐의 정사각형 안에 77이 채워진 채로 시작하는 경우에 대한
확실한 정답은 아직까지 없다.

★

스웨덴에서 77은 쉬볼레스(shibboleth, 암호말)이다. 간단히 말해서 이것은 암호로 사용된 히브리 어인데 생각보다 복잡한 기원을 가지고 있다. 서로 다른 방언을 사용하는 두 부족을 구분하기 위해 쓰였던 이 단어는 성경에 기초를 두고 있다. 히브리 어의 복잡한 발음 체계로 인해, '쉬볼레스' 라는 단어를 발음하는 이들은 누구나 그 자리에서 부족의 일원인지를 판별해 낼 수 있었다. 스웨덴에서 77은 노르웨이나 독일인들이 터득하기 힘든 복잡한 발음을 지니고 있어서 그들이 사기꾼임을 바로 알아낼 수 있다.

■ 아메리칸 에어라인스의 'flight 77'은 2001년 9월 11일에 파괴된 세 번째 비행기였다. 보잉 757은 오전 9시경에 납치됐고, 워싱턴 DC의 펜타곤으로 날아가 64명의 탑승객과 펜타곤에 있던 125명을 죽음으로 몰아넣었다.

〈77 Sunset Strip〉은 1950년대 후반과 1960년대 초반까지 방송된 신경향의 텔레비전 연속 수사물이다. 이는 한 시간 분량이 넘는 최초의 첩보 드라마였다.

'포트란 77' 은 1950년대 IBM 사에서 개발된
컴퓨터 프로그래밍 언어다.

미국의 몇몇 지역에서는 핸드폰으로 77을 누르면 바로 경찰서와 연결이 된다. 이는 77이 긴급 상황 시 경찰과 연결되는 비밀 번호라는 도시적 우화를 만들어 냈다. 대부분의 경우 연결이 되지 않는다.

78

1분에 78 회전

'1분에 78 회전'은 아일랜드 펑크 밴드인 스티프 리틀 핑거스의 곡명으로, 1970년대 후반의 인식이나 행동양식의 변화를 묘사하고 있으며, 78rpm(분당 회전수)으로 회전하는 축음기판의 명칭을 익살스럽게 표현한 것이다. 1925년 첫 번째로 제정된 78s는 음반 산업의 표준이 되었다. 그때까지 레코드판의 회전수는 보통 74~82rpm 사이로 조금 다양하였다. 78s(사실은 78.26rpm)는 새로운 전기식 턴테이블의 모터 회전수에 맞춘 기어 비(gear ratio)에 따라 정해졌다. 공급되는 전기의 주파수가 다른 나라의 회전수는 77.92rpm이었다.

제2차 세계 대전 후, 음반 회사들은 더욱 작은 레코드 바늘로 재생할 수 있는 디스크를 개발했다. 콜럼비아 레코드 사는 rpm의 '엘피판'을 출시했고, RCA 빅터 사는 주크박스 제작사들이 선호한 7인치 45rpm식 제품으로 대응했다. 78s는 1970년대까지는 생산이 이어졌지만 실질적인 대량 생산은 1950년대에 끝났다.

1970년도의 디스코 열풍은 고음질의 긴 춤곡을 녹음하기 위해 크기가 늘어난 12인치 음반이 유행했다. 1980년대에는 콤팩트디스크가 도입되는 바람에 기존 레코드판의 입지가 좁아졌다. 잡음이 없는 '디지털 음질과 표면에 흠집 방지 기능까지 더해져 시디(CD)는 엘피(LP)를 앞지르기 시작했고, 1990년대에는 명실상부하게 음반 시장을 석권했다.

하지만 음악 애호가들은 여전히 레코드판을 선호하고 있고 판매량도 서서히 증가하고 있다.

■ 숫자 78은 텍사스 오스틴의 검사 해리 휘팅턴의 나이로, 2006년 2월 11일 부통령 딕 체니가 쏜 총에 맞아 불의를·사고를 당할 뻔했다. 체니는 기러기 떼를 조준하느라 휘팅턴을 미처 보지 못했고, 휘팅턴은 얼굴과 가슴에 총상을 입고 가벼운 심장 마비가 일어났지만, 다행히 병원에서 회복이 되었다.

서기 79년 베수비오 산의
화산폭발로 폼페이가
파괴된 해.

79는 금의 원자 번호다.

80일간의 세계 일주

쥘 베른의 고전 모험 작품으로, 필리어스 포그
란 한 사람이 세계 일주가 가능하다고 내기를 하고
런던까지 돌아오는 데 걸린 기간이다. 그는 내기에 이겼다는 사실을 뒤늦게 깨
닫게 된다. 처음 그는 동쪽으로의 여행을 결정한 뒤, 수에즈, 인도, 홍콩, 일본,
미국 그리고 아일랜드를 거쳐 런던으로 돌아왔지만 80일에서 5분이 초과되어
낙담했다. 하지만 그는 동쪽으로 여행하면 하루를 번다는 사실을 계산에 넣지
않고 있었다. 다음 날 이 사실을 깨달은 포그는 개혁 클럽(Reform Club)에 겨
우 도착해 20,000파운드를 거머쥐었다.

2005년 2월, 영국의 여류 요트 여행가인 엘런 맥아더는 단독 세계 일주 기록을
깼다. 최초 여류 세계 기록 보유자로서, B&Q 카스트로라마(B&Q/Castrorama)
3동선으로 27,354해리를 71일 14시간 만에 완주하였다.

 세계 일주 비행 기록은 1949년 미국 공군에서 수립하였으며, 소요 시간은 94시
간 1분이었다.

1974년, 오스트레일리아의 데이브 운스트라는 이름
의 교사는 걸어서 공식적으로 세계 일주를 끝낸 최
초의 인물이다. 그는 미국 미네소타에서 출발하여
대서양, 인도양, 태평양은 비행기를 이용했고, 나머
지는 모두 걸어서 총 14,450마일을 1,568일 동안 이
동했다. 여행 중 총 2천만 걸음을 걸었고, 21켤레의
신발을 소모했으며, 아프가니스탄에서는 동생 존이
강도의 총에 맞아 사망했다.

'80-20 법칙'은 사업체에서 사용되는 원리다. 파레토(Pareto) 법칙으로도 알려진 이 법칙은 모든 상황에서 원인의 20퍼센트가 결과의 80퍼센트를 만든다는 이론이다. 예를 들어 사업상 80퍼센트의 수입은 20퍼센트의 고객으로부터 오기 때문에 다른 고객들에게 시간을 허비하기보다는 20퍼센트의 고객에게 집중해야 한다.

이탈리아의 경제학자 발프레도 파레토는 이탈리아 총소득의 80퍼센트가 20퍼센트의 인구에게서 나온다고 밝혔다. 80-20 법칙은 1937년 경영학 교수인 조지프 M. 주란에 의해 처음으로 제시됐다. 이 법칙은 경제학 분야뿐만 아니라 모든 일상생활에도 적용이 되며 심지어 경마에서도 적용이 가능하다!

■ 1980년대는 사회적 · 정치적 변화의 시기였다. 새로운 단어의 도입과 함께 우리 주위에서 사용되지 않는 단어들은 사라져 갔다.

도입 단결(Solidarity), 휴대폰(Mobile phone), 정치적 공정(Political correctness), 의견서(Fatwa), CD, 여피 족(Yuppie), 컴퓨터(Computer), 에이즈(AIDS), 마약(Crack)

퇴출 철의 장막(Iron Curtain), 베를린 장벽(Berlin Wall), 인종 차별(Apartheid), LP, 히피 족(Hippies), 랩(Rap)

81

□ 81은 헬스 엔젤스(Hell's Angels) 모터사이클 클럽의 상징인데, 여덟 번째 알파벳인 H와 첫 번째인 A에서 따온 것이다.

고대 중국 노자의 『도덕경』은 총 81개의 장으로 이루어져 있다.

★

왼손의 손금은 아라비아 숫자 81과 비슷하며 오른손은 18과 비슷하다.

★

82

82는 납의 원자 번호이고 NBA 농구 리그와 NHL 하키 리그 시즌 동안 치러지는 경기 횟수다.

83

소수이자 쌍둥이 소수를 포함한 연속되는 세 소수의 합이다.

23+29+31

84 는 기원은 불분명하지만 펜실베이니아의 작은 마을의 이름이다. 세상에는 이처럼

숫자로 표시된 지명이 많다. 미국의 버지니아 서부의 6, 영국 링컨셔의 20, 우루과이의 33, 미국 켄터키의 88, 미국 캐롤라이나의 96, 버지니아 서부의 100, 그리고 오스트레일리아 퀸즐랜드의 1770. 퀸즐랜드의 1770은 그해 5월 쿡 선장(Captain Cook)이 상륙한 장소에 세워졌다.

85

2006 년 4월, 런던 셀프리지스(Selfridges) 백화점의 주

방장이던 스콧 맥도널드는 85파운드(168달러)의 샌드위치를 만들었다. 21온스나 나가는 이 샌드위치는 와규 쇠고기, 신선한 푸아그라, 블랙 트뤼플 마요네즈, 브리 드 모(치즈의 종류), 로켓(겨자과 식물), 레드 페퍼, 머스터드 콩피, 영국산 플럼 토마토가 24시간 발효시킨 소다빵에 들어갔다. 원가의 대부분은 키우는 데 많은 정성을 들인 일본산 쇠고기가 차지한다. 셀프리지스의 요식 조달 반장인 이완 벤트너는 만약 당신이 진정한 미식가라면 돈이 아깝지 않을 것이라 말했다.

86 은 식당 직원들이 사용하는 암호다. 원래 이 암호는 더 이상 음식이 없다는 뜻이었

으나, "무언가를 치우거나 없애라."는 뜻이거나 마음에 안 드는 손님을 의미하기도 했다. 어원은 알 수 없지만 가장 보편적인 가설은 거절[nix: 독일어인 nichts(無)에서 유래함을 나타내는 압운 속어라는 것이다.

86은 중국의 국제 전화 호출 번호다.

★

주기율표에는 금속 성분이 86개가 있다.

87은 처음의
네 개의 소수를
제곱한 것의 합이다
($2^2+3^2+5^2+7^2=$
$4+9+25+49=87$).
그리고 1부터 10까지의
약수들의 총 합이기도 하다.

1	1
1, 2	3
1, 3	4
1, 2, 4	7
1, 5	6
1, 2, 3, 6	12
1, 7	8
1, 2, 4, 8	15
1, 3, 9	13
1, 2, 5, 10	18
합계	87

웨이코, 텍사스

1993년 4월, 87명의 사람들이 텍사스의 웨이코에서 일어난 '다윗의 가지(Branch Davidian)' 광신도 사건으로 숨졌다. 주류 담배 화기 단속국(ATFE)이 급습해 수많은 사람을 죽였고, FBI까지 사교(邪敎) 본부를 51일간 포위하면서 교주인 데이비드 코레쉬를 포함해 수많은 사상자가 발생했다.

■ 'Junkers 87'은 제2차 세계 대전 당시 명성을 날린 독일의 공중 폭격기다.

87은 몇몇 분야에서 불운의 숫자로 인식된다.
크리켓에서는 100에서 13점이 모자라기 때문에 특히 그렇다.

게티즈버그 연설

87년 전……' 은 남북 전쟁 당시 게티즈버그의 국립묘지 헌정식에서 있었던 링컨의 유명한 연설문 도입부다. 독립 전쟁은 그보다 87년 전에 시작됐다. '게티즈버그 연설' 은 장황한 식사(式辭)를 풍자하는 데 사용하는 용어지만 잘 못된 명칭이다. 그날 그곳에서는 에드워드 에버렛이 두 시간에 걸친 긴 연설을 했지만, 링컨의 연설은 짧고 감미로웠다. 좀 더 긴 연설을 기대했던 청중들은 실망했으며, 그들은 잘 짜인 연설문에서 어떤 감동도 느낄 수 없었다. 연설 시간은 2분이 조금 넘었으며 링컨이 한 연설은 다음과 같았다.

"87년 전 우리 아버지들은 이 대륙에서 새로운 나라를 건국하여 자유를 신봉하며 모든 사람이 평등하게 창조되었다는 전제에 충실하였습니다. 이제 우리는 거대한 내란에 처해 있고, 이 나라가 오랫동안 유지될 수 있는지에 대한 심판대 위에 올라와 있습니다. 우리는 전쟁의 커다란 격전지에 놓여 있습니다. 우리는 나라가 유지될 수 있도록 자신의 삶을 바친 이들의 마지막 안식처를 기리기 위해 이곳에 왔습니다. 우리가 이렇게 하는 데는 분명한 확신이 있습니다. 하지만 우리는 이곳을 성스럽게 기릴 수도, 성지로 만들 수도 없습니다. 이곳에서 분투하던 용감한 모든 사람은 우리의 약한 힘으로는 더하거나 뺄 수도 없을 만큼 존귀한 분들입니다. 세상은 우리가 지금 여기서 말하는 것을 기록하지도 기억하지도 않을 테지만 이분들이 여기서 했던 일은 절대 잊지 못할 것입니다.

우리들은 모두에게 남겨진 위대한 과업을 완수해야 합니다. 우리에게 남겨진, 고인들이 마지막까지 최선을 다했던 그 이유들에 헌신해야 하는 것입니다. 고인들이 헛되이 목숨을 바친 것이 되지 않도록 노력해야 합니다. 이 나라는 자유의 새로운 발상지가 되어야 합니다. 또한 국민의 정부, 국민에 의한 정부, 국민을 위한 정부는 영원히 지속되어야 합니다."

국제 천문 연합은 8개 군으로 나누어진 88개의 별자리를 다음과 같이 정의했다.

큰곰자리 계
황도 계
페르세우스 계
천수
오리온 군
바이어 군
라카유 계
헤라클레스 계

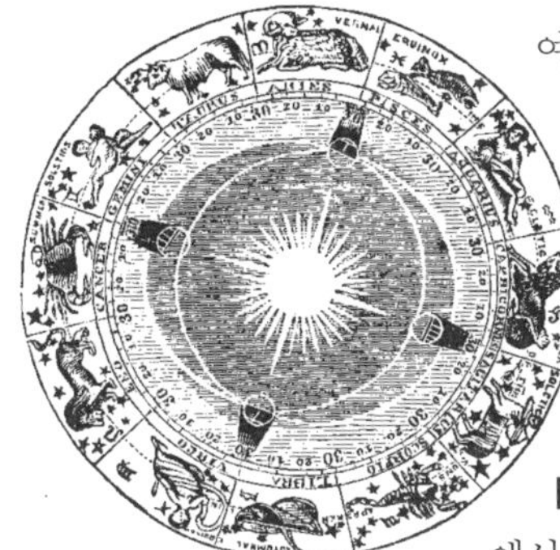

영국에서는 'Two Fat Ladies'가 880이란 속어로 쓰인다.

★

피아노에는 88개의 건반이 있다.

■ 중국에서 88은 '두 배나 부유한' 이란 뜻이 있다고 하여 행운의 숫자로 여긴다.

□ 88은 제2차 세계대전 당시 독일군의 고성능 대공포였다. 이것은 88mm 구경의 칼리버 포탄을 사용한다.

■ 영화 〈백 투 더 퓨처〉에서 시속 88마일은 드로리언 자동차가 과거로의 여행을 위해 도달해야 할 속도다.

'올즈모빌(Oldsmobile) 88'은 1950년부터 1974년까지 최고의 판매 대수를 기록한 차량이다.

89는 흥미로운 특성을 지닌 피보나치 소수로 89의 역수 (1/89)는 44자리의 순환부를 갖는다.

0.01123595505617977528089887640449438202247191

특이한 점은 이 숫자가 피보나치수열의 일련의 수들을 모두 합한 값에서 소수점을 오른쪽으로 이동시켜 얻게 되는 수라는 것이다.

0.0
0.01
0.001
0.0002
0.00003
0.000005
0.0000008
0.00000013
0.000000021
등등

66 천재는 10퍼센트의 영감과 90퍼센트의 노력으로 만들어진다. **99**

토머스 에디슨

* 통계 시세의 90퍼센트는 날조된 것이다.

90년대

새 천년을 목전에 둔 1990년대는 상대적으로 차분하였다. 정치적으로도 타협의 시기여서, 마치 세상이 숨을 죽이고 결속을 다지는 것 같았다. 중동과 북아일랜드의 평화 정책에 중요한 진전이 있었고, 정치적 지도(political map)는 민주주의의 빠른 확산에 힘입어 크게 변화했다. 자본주의의 확산과 함께 경쟁력은 신장됐으나 부자와 가난한 자의 격차는 더욱 커졌다. 뿐만 아니라 이 시기는 컴퓨터가 일상에 널리 보급되었으며, 1980년대의 혁신적 기술이 능률화, 소형화되고 접근성이 더욱 용이하게 변한 세계화 시대였다. 하지만 동시에 환경과 윤리에 관한 문제에 대해 고민하게 되었고, 인간과 자연이 혼연일체가 되는 동기를 유발했다.

90년대에 새로 등장한 것	90년대에 사라진 것
인터넷, 이메일	소비에트 연방, 동독
극한 스포츠	체코슬로바키아, 유럽공동체
DVD	프랑, 마르크, 페세타, 리라
지구 온난화	영국의 홍콩 지배
인간 복제	포르투갈의 마카오 지배
DNA 지문	다이애나 공주
유전자 변형 식물	프레디 머큐리
동성애 결혼, 쓰레기	안드레스 에스코바르

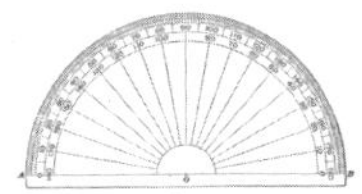

90도는 직각이라 불린다. 직각은 건축에서 매우 중요한데, 벽은 항상 '정사각형'이며 바닥의 수평도도 마찬가지다. 그리스 수학자 피타고라스는 빗변의 제곱은 나머지 두 변의 제곱의 합과 같다는 직각삼각형 이론을 내놓았다. 빗변은 직각의 맞은편에 있다. 이 이론은 당시의 건축가들이 건물을 직각으로 건축할 수 있는 데 많은 도움을 주었다. 변의 길이가 3, 4, 5이면 직각삼각형이 된다는 것을 알고 있기 때문에($3^2+4^2=5^2$로부터), 12등분의 줄과 말뚝을 가지고 $3\times4\times5$의 삼각형을 그릴 수 있었던 것이다. 그렇게 되면 5등분의 빗변 맞은편의 각도는 항상 직각이 될 것이다. 접선은 원의 반지름에 대하여 90도가 되도록 원주를 지나는 선이다. 접선은 원주상의 단 한 점만을 접촉할 뿐이며 연장선은 절대 원주와 만나지 않는다. 따라서 "접점에서 벗어나다(going off at a tangent)."라는 문장은 대화중에 옆길로 새 다시는 되돌리지 못하게 된 상황을 뜻한다.

> 'Joe 90'은 꼭두각시 모양의 아홉 살의 특수요원으로, 제리 안데르센(《선더버드》의 제작자)이 제작해 1970년대 BBC 텔레비전에서 방영됐다. 'BIG RAT'라는 덜떨어진 컴퓨터로 인해, 조는 'WIN(World Intelligence Network)'에 근무하는 양아버지 샘 루버의 뇌파를 얻게 된다. 성숙한 지식으로 무장한 조는 WIN의 요원으로 활동하며 놀라운 무기들을 이용해 악당들을 물리친다.

91

91은 1부터 6까지의 수를 각각 제곱한 것들의 합이다.

★

$$1^2+2^2+3^2+4^2+5^2+6^2=1+4+9+16+25+36=91$$
$$3^3+4^3=27+64=91$$

■ 4, 5, 6월이 속한 회계 분기는 91일이다. 이것은 나라마다 다르다. 영국, 캐나다, 홍콩, 인도는 1사분기(四分期)이며, 미국은 3분기, 오스트레일리아는 4분기다.

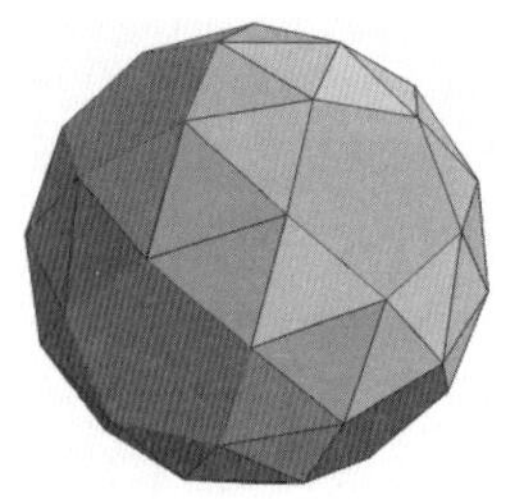

다듬은 십이이십면체(Dodecahedron)는 92개 면을 가진 도형이다. 이는 준정다면체(아르키메데스다면체)이며, 종류는 13개가 있다. 정다면체(플라톤의 입방체)는 합동인 정다각형으로 이루어지며 준다면체는 둘 또는 그 이상의 정다각형으로 이루어진다. 다듬은 십이이십면체는 80개의 정삼각형과 12개의 오각형으로 구성된다.

원자 번호 92번인 우라늄은 지구상에서 자연적으로 생성되는 원소 중 가장 무겁다. 현재 자연산 원소의 총 매장량이 논의의 주제가 되고 있다. 이는 몇몇 원소들의 반감기를 감소시키기 위함이다. 테크네튬(43)과 프로메튬(61)은 지구상에 아주 극미량이 남아 있고, 넵투늄(93), 플루토늄(94) 그리고 칼리포르늄(95)의 경우도 동일한 상황이다. 이 물질들은 합성 원소들 사이에서 매우 주목을 받고 있으며, 현재 자연산 원소는 총 90종이 남아 있다.

유나이티드 에어라인스의 'Flight 93'은 2001년 9월 11일 미국에서 테러리스트의 공격을 받아 격추된 네 번째 비행기다. 비행기 추락의 원인이 불분명한 Flight 93에 관한 이야기는 9·11에서 가장 호기심을 자극하는 이야기다. 뉴저지의 뉴어크에서 캘리포니아의 샌프란시스코로 향하던 이 비행기는 공중 납치된 후 필라델피아에서 추락하여 탑승객 전원이 사망했지만, 이전에 납치된 세 대의 비행기와는 달리 테러리스트들이 노리던 전략상의 중요 목적지에 도달하지 못했다. Fight 93은 42분이나 지연됐는데 이때 공중 납치된 탑승객들은 친구나 가족과의 전화 통화를 통해 이전 세 번의 비행기 폭파로 인한 테러리스트들의 잔혹한 행위를 확인할 수 있었다. 승객들은 더 이상 평화적인 방법은 없다는 것을 알았고, 납치범들에 대항해 용감히 싸웠지만 비행기를 땅에 착륙시키기 위해 조종석을 확보하고자 싸운 흔적은 없었다. 한 음모론에 의하면 비행기가 미군 전투기에 의해 격추되었다고 했는데, 이를 뒷받침할 수 있는 구체적인 증거는 없다. 이 사건의 조사 위원회는 테러리스트들이 상황이 불리하게 돌아가는 것을 깨달고 비행기를 고의적으로 추락시켰다고 발표했다.

94

'**94**페이지에서 계속(Continued on p.94)' 이란 문장은 영국의 풍자 잡지 「프라이빗 아이(Private Eye)」의 독자들에게는 익숙한 말이다. 이 잡지는 1961년에 처음 출판되어 2주마다 발행되었으며 60만 명 이상의 독자에게 판매된다. 잡지에는 숫자 94가 멋대로 사용되어 실소를 자아내게 한다. 잡지 기사들 하단부에는 '94페이지에서 계속' 이란 말이 씌어 있고 기사는 갑자기 끝나 버린다. 94페이지는 당연히 없었고, 현재 「프라이빗 아이」의 편집자인 이언 히슬롭은 '영국에서 가장 많은 소송에 걸린 사람' 이다.

★

94는 플루토늄의 원자 번호다.

95

❝ *2퍼센트의 사람들이 생각한다. 3퍼센트의 사람들이 그들과 동일한 생각을 하고 95퍼센트의 사람들은 생각하기보다는 죽는 편이 더 낫다고 생각한다.* **❞**
조지 버나드 쇼(아일랜드의 극작가)

개신교의 탄생은 독일 수도사 마르틴 루터가 작성한 95개 조항(95 Theses)이 담긴 문서로부터 시작되었다. 루터는 로마 가톨릭 교회의 교리에 도전했고, 심지어는 교황의 권위에도 의심을 품었다. 또한 그는 '면죄부' 의 윤리성과 고해성사 및 교회에 많은 기부금을 내면 진정 연옥에서 벗어나 영원한 안식을 얻을 수 있는지에 대해 의구심을 가졌다. 로마 교황청은 루터에게 95개 조항에서 총 41개 조항을 삭제할 것을 요구했지만 루터는 그것을 거부했고, 이것이 종교 개혁의 시발점이 되었다.

96

96은 1989년 힐스보로(Hillsborough)에서 발생한 비극적 사건의 사망자의 수다. 이 재난은 리버풀 FC와 노팅검 포레스트 FC가 'FA 컵' 준결승을 진행하던 영국 셰필드의 힐스보로 구장에서 발생했다. 경기장에 입장하기 위해 운집한 엄청난 군중에게 경찰이 이미 발 디딜 틈이 없던 경기장의 출입구를 개방했고 이로 인해 비극적인 압사 사고가 발생했다.

97

> **❝** 우리 할머니는 60세 때
> 하루에 8km씩 걷기 시작했지요.
> 할머니는 지금 97세이신데 도대체
> 어디 계신지 모르겠어요. **❞**
>
> 엘런 드 제너리스(코미디언)

97번 고속도로(Interstate 97)는 미국 본토에서 거리가 가장 짧은 고속도로다. 1993년에 건설된 I-97은 아나폴리스에서 볼티모어를 연결하고, 거리는 17.62마일(약 28.35km)이며, 메릴랜드의 앤 아룬델 카운티 안에 위치한다.

97마력은 프란더스 앤 스완(Flanders and Swann)의
노래 가사에 나오는 런던 시내 버스의 출력이다.

> **❝** 그리고 당신은 성공할 것인가?
> 그래, 그렇다고! 98.75퍼센트 보증해! **❞**
> 닥터 수스의 『당신이 가려하는 곳(Oh, the Places You'll Go)』

98

닥터 수스(Dr. Seuss, 'Soice'라 칭함)는 미국의 만화가이자 작가인 테오도르 수스 가이젤의 필명이다. 그는 최근에 영화로 만든 『모자 쓴 고양이』와 『그린치가 어떻게 크리스마스를 훔쳤을까』를 포함해 수많은 아동용 서적을 발간했다. 제2차 세계 대전 당시에는 미국 정부에서 선전용 영화와 만화를 그리는 일도 했다. 『당신이 가려하는 곳』은 1990년에 발행된 그의 마지막 책이었다.

> 98퍼센트의 미국 가정이
> 텔레비전을 가지고 있으며,
> 나머지 2퍼센트는 그들 스스로 섹스와
> 폭력물을 제작한다.
>
> 프랭클린 P. 존스(미국 교사)

98.6

98.6°F(37℃)는 건강한 사람의 '정상' 체온이다.

99

99는 영국에서 가장 인기 있는 아이스크림이다. 아이스크림콘에는 초콜릿 플레이크와 바닐라 아이스크림이 담겨 있다. 99로 불리는 이유는 잘 알려져 있지 않다. 처음 출시될 때의 아이스크림 판매가가 불과 몇 펜스였으므로 이 때문도 아니다. 한 가지 추측해 보자면 플레이크 제조자인 캐드버리에서 비롯되었다는 이야기가 있는데, 아이스크림 제조업자들은 제품명이 아닌 제품 번호로 물건을 거래하기 때문에 그것이 상표명으로 굳어졌는지 모른다.

★

신비로운 수 100보다 1이 적으며 신화 속의 수 9와 수비학(數秘學)의 11을 곱해 나오는 숫자 99는 남아프리카의 바수토(Basuto) 부족만 아니라면 가볍게 발음할 수 있는 숫자다. 바스토 족은 99를 이렇게 발음한다:

"machoumearobilengmonoolemongametorobilengmonoolemong"

■ 이슬람에서는 '99개 이름의 신'이 있고, 예언자 모하메드는 신의 이름을 부르는 자들은 모두 낙원에 들어갈 수 있다고 했다. 99개 이름의 목록은 알 왈리딘 무슬림이란 이슬람 학자가 저술한 코란에 기록되어 있어 인간이 만든 상징에 비해 좀 더 집착하게 된다. 이슬람 교도들은 99개의 이름을 정성 들여 암송한다. 왜냐하면 모하메드에 의해 열거된 이름들이기 때문이다.

❝ *99개의 빨간 풍선이 여름하늘에 떠다니네.* ❞
레나의 '99개의 빨간 풍선'

이 곡은 1984년 독일 밴드인 레나의 유일한 히트곡이다. 아이들이 하늘로 날려 보낸 99개의 빨간 풍선을 보고 군에서는 이를 모종의 침공으로 오인하게 되고, 이것이 핵무기에 의한 대량 파괴의 단초가 된다는 가사다.

100

알베르트 아인슈타인

100은 100퍼센트와 같이 완성의 숫자고, 시간 측정의 중요한 척도가 된다. 신세기는 새로운 시대의 시작을 알린다. 세기의 전환점은 일종의 문화적 변환기다. 프랑스 어로 'fin de siecle(세기말)'은 쇠락(decadence)을 암시하는데, 이 말은 19세기가 끝나 갈 즈음 벨 에포크(Belle Epoque, 아름다운 시대)에 이어 생겨난 용어로, 포괄적 의미로 보자면 급진적 변화와 구세대에 대한 종언을 뜻한다. 100은 모든 종교의 교리와 우화들에 자주 나타난다. 이 숫자는 스포츠에서 주된 이정표이고, 빌보드 Hot 100처럼 대부분의 목록의 기준이 되는 숫자로 널리 사용된다. 'Hundred'란 단어는 게르만 어에서 파생했으며, 개 한 마리가 지킬 수 있는 대략적인 양의 수에서 나온 독일어 'hund(개)'에 기원이 있다고 본다. 뒷날 'hundred'는 100가구를 포함한 지역의 행정상 넓이도 의미하게 되었다.

100은 피타고라스 신봉자들에게 신성한 숫자로 여겨진다. 왜냐하면 '성스러운 10단(the divine decade)'인 10의 제곱수이기 때문이다. 이는 처음 4개 숫자의 각각의 세제곱을 더하여 구한다($1^3+2^3+3^3+4^3=100$).
또한 처음 10개의 홀수의 합으로도 구해지고, 처음 9개의 소수의 합으로도 구할 수 있다.

로마숫자 100은 C (centum)로
표기한다. 'centum' 의 접두사인
'cent' 는 100의 일부분을
나타내는데 사용된다.
CENTIMETER (cm)
CENTIPEDE (지네)
CENTURY (세기)
CENTENARY (백년제)
CENTENARIAN (100세)

■ 그리스 어 'hekaton' 의 접두사 hecto
도 100단위를 표시하는 경우에 일부 사용
된다. 예를 들어 hectogon은 면이 100개
인 다각형을 나타내고, 헥타르(hectare)는
면적을 나타내며, are는 프랑스 어로서 제
곱미터를 의미한다.

☐ 백세인(Centenarian)은 100살까
지 생존한 사람을 가리킨다. 장수의
사례는 점점 일반화되어 20세기 말에
는 기하급수적으로 증가했다. 통계로
보면 1990년과 2000년 사이 미국 내
백세인의 수는 37,306명에서 50,454
명으로 증가했음을 알 수 있다. 유엔

의 보고서에 따르면 2000년에 전 세
계의 백세인의 수는 180,000명에 달
하며 향후 몇십 년 안에 그 수는 더욱
급증할 것이라고 한다.

☐ 미국에서 센틸리온(Centillion)은
10^{303}을 나타내며, 유럽에서는 10^{600}
을 의미한다. 또한 구골(googol)은
10^{100}을 의미한다.

★

'Hundreds and Thousands' 는 케이크를
장식할 때 사용하는 작은 사탕 부스러기
다.

★

■ 'A Century' 는 크리켓 경기에서 한 타
자가 100점을 딴 것을 의미한다. 2004년
4월 14일 서인도제도의 브라이언 라라는
영국과의 경기에서 400점을 얻어 개인 최
고 점수 부문에서 신기록을 세웠다. 2007
년 라라는 국제 우승 결승전에서 두 번째
로 높은 점수를 기록하였는데, 이는 인도의
수닐 가바스카와 같은 34 century였다. 또
다른 인도 선수 사친 텐둘카는 35 century
를 얻어 이 부문의 최고 기록을 세웠다.

숫자로 보는
오스트레일리아와 대양주

오스트레일리아는 인구 밀도가 가장 낮은 대륙이다. 실제 이곳에서는 1 대 220의 비율로 악어와 사람이 살고 있다고 추정된다.

면적 7,687,000km^2
세계 육지 면적에서의 비율 5%
인구(약)
33,000,000명
인구 밀도(Km^{2}당)
4
최고점
4,884m(인도네시아 칼츠텐츠 피라미드)
최저점
에어 호수 16m(평균 해수면 이하)
가장 긴 강
머레이 달링 강 3,720km
가장 높게 기록된 온도
53℃(클린커리, 1889)
가장 낮게 기록된 온도
−23℃(뉴사우스웨일즈의 샬롯 패스,1994)
추정되는 악어의 숫자
150,000마리 이상

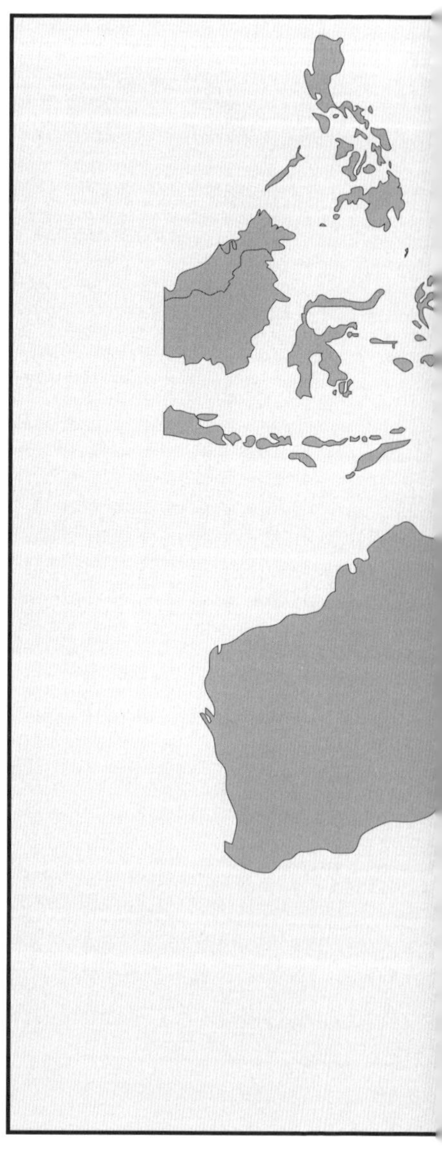

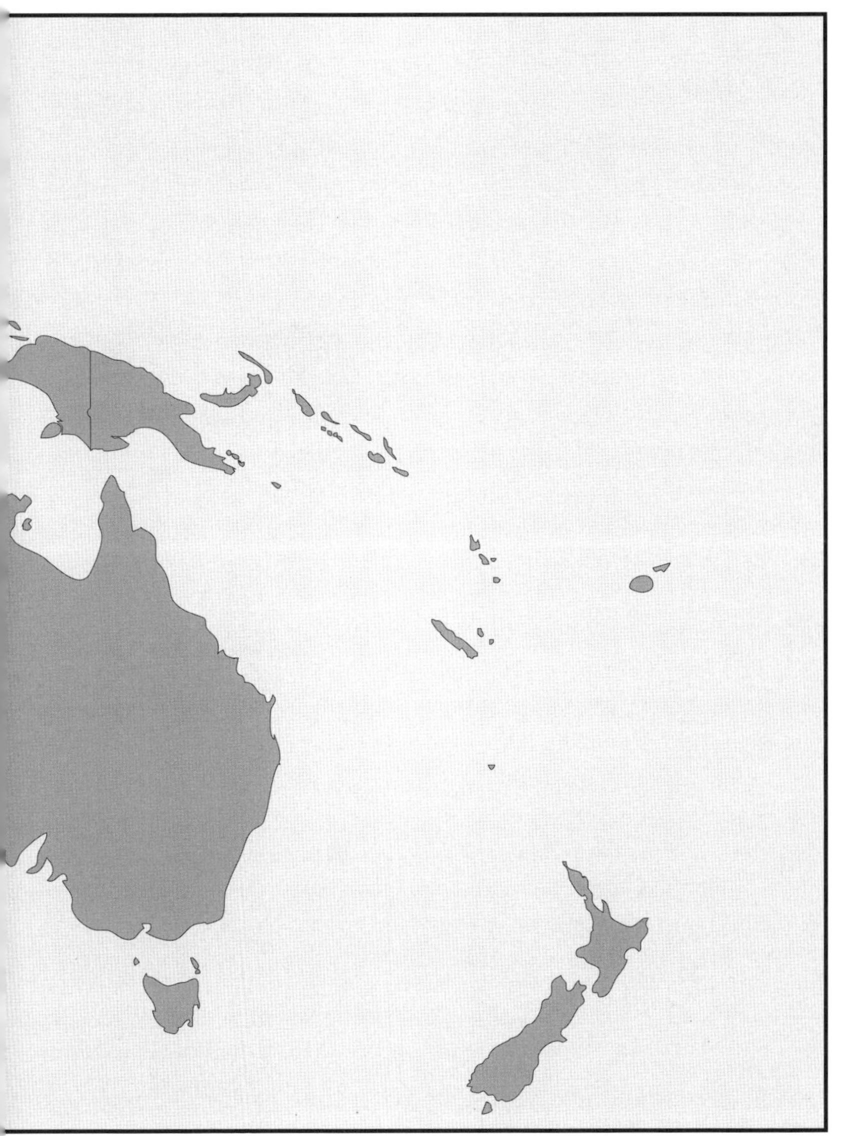

101

회문(回文) 숫자인 101은 대중문화를 대변하는 여러 유명한 장소에 등장한다. 월트 디즈니, 조지 오웰과 영국 밴드 '클래시' 사이의 특이한 관계를 형성한다. 〈101마리 달마시안〉은 도디 스미스의 1912년 문학 작품을 디즈니에서 1961년에 만화로 제작한 것이다. 〈101호〉는 조지 오웰의 소설 『1984년』에 등장하는 악몽을 꾸는 방으로, 거기에 들어가면 누구라도 불행하게 될 수밖에 없는 개인적인 공포가 깃들인 방이다. 소설의 주인공인 윈스턴 스미스에게는 그 대상이 쥐였다. 클래시에 합류하기 전, 조 스트러머는 '101ers'라는 밴드의 리드 싱어였으며, 밴드는 런던의 불법 점거 가옥인 월터튼가 101번지에서 살았다.

'R101'은 1930년 10월 5일 처녀비행 중 프랑스 상공에서 추락한 영국제 비행선이며, 이 사고로 48명이 죽었다.

108

108은 힌두교와 불교 문화에서 신성한 숫자다. 불교에서 사용하는 묵주는 108염주이고, 네팔 의회의 의석수는 108석이다. 108명의 불교 성인이 있는 반면, 108명의 목장소녀들이 크리슈나 신에게 반했다. 이밖에도 많다. 숫자 1080이 신화나 수학적으로 신성한 숫자로 생각될 수 있는 데는 많은 이유가 있다.

108은 다른 두 개의 신성한 숫자의 곱이다(9 × 12). 그것은 또한 세 개의 6의 제곱의 합이지만 $(6^2+6^2+6^2)$, 이것이 힌두교나 불교 신자에게 영향을 끼치지는 않았을 것이다.

■ 숫자 108의 펜타곤 및 황금비(숫자 1.618 참조)와의 관계는 매력적이다. 펜타곤의 내각은 108도이고, 다섯 개의 꼭짓점으로 된 별의 대각선의 길이의 비율에서 각 선분의 길이는 황금 비율이 되도록 그려진다.

109

비눗방울들은 항상 109도 또는 120도의 각도로 만난다. 이것은 1873년에 벨기에의 과학자인 조지프 플래토가 발견하였다.

세계 무역 센터의 쌍둥이 빌딩은 각각 110층이며, 11이 9·11 테러 공격의 동기가 되는 중요한 숫자라는 수비학적 이론에 힘을 실어 준다. 시카고의 시어스 타워도 110층이다.

110

＊

110은 또한 게마트리아(27페이지)와 수비학에 의해 오사마 빈 라덴과 아돌프 히틀러를 연관시킨다. 게마트리아에 따르면 오사마 빈 라덴과 아돌프 히틀러는 둘 다 숫자 110을 갖는다.

$$(A=1 \quad D=4 \quad O=15 \quad L=12 \quad F=6$$
$$H=8 \quad I=9 \quad T=20 \quad E=8 \quad R=18)=110$$
$$(O=15 \quad S=19 \quad A=1 \quad M=13 \quad A=1 \quad B=2 \quad I=9 \quad N=14$$
$$L=12 \quad A=1 \quad D=4 \quad E=5 \quad N=14)=110$$

두 사람은 생년월일의 숫자적 조작을 통해 동일한 숫자가 나오는 생일 친구이기도 하다. 히틀러의 생일은 1889년 4월 20일이며, 이것을 한 자리 숫자가 될 때까지 숫자들을 계속해서 더하면 5가 된다(4+2+0+1+8+8+9=32, 3+2=5). 빈 라덴은 1957년 7월 30일에 태어났다(7+3+0+1+9+5+7=32). 이 방법에 따르면 그들은 폴 포트, 리 하비 오스왈드, 믹 재거, 우마 서먼, 안젤리나 졸리 등이 또 다른 생일 친구다.

110은 35mm보다 작은 카메라 필름 형식이다.

★

110은 독일, 일본, 중국 등지에서는 구급 전화번호다.

★

110퍼센트는 최상의 노력을 의미하는 용어다. "우리는 110 퍼센트를 준다(We gave 110 percent)."는 말은 "우리가 가진 모든 것과 그 이상을 제공한다는 의미이다."

111

111은 쉽게 마법을 끌어당기는 숫자다. 6×6 마방진의 수가 일정하다는 사실과 관련이 있을 수도 있고 없을 수도 있다.

1	4	13	30	31	32
35	34	8	23	9	2
18	15	17	26	16	19
27	14	28	3	29	10
25	11	21	22	20	12
5	33	24	7	6	36

■ 넬슨으로도 알려진 111은 크리켓 게임에서 불운의 점수로 여겨진다. 그것은 넬슨 제독이 외눈박이, 외팔이, 외다리의 소유자라는 그릇된 사실로부터 시작된다. 외눈박이와 외팔이인 것은 사실이지만 넬슨이 트라팔가르 해전에서 죽었을 때는 두 다리를 모두 가지고 있었다.

점수가 111점일 때 타자가 들어서면 팀 동료들은 타자가 안전하게 더 높은 점수를 낼 때까지 선수석에서 발을 땅에서 뗀 채로 앉아 있는 것이 전통이다. 데이비드 셰퍼드(크리켓 계의 가장 유명한 주심) 심판조차도 점수가 날 때까지 뛰어다닌다.

특히 오스트레일리아 사람들에게는 111이 불운의 점수라는 통계적인 증거가 있다. 영국과의 국가 대항전에서 세 번을 이 점수로 진 것이다. 이러한 기괴한 미신에 의해 타자에게 가해지는 심리적 압박감은 중요한 순간에 집중력을 잃게 하는 원인이 된다.

수비학

수비학은 인간의 삶에 숫자가 초자연적인 영향을 끼친다는 믿음에 대한 연구다. 그것은 종교적인 신비주의와 비술이 연관되어, 고대 점성가와 수학자의 영향으로 생겨났다. 오늘날 수비학은 반복되는 사건과 숫자의 형태에서 그 중요성을 찾을 수 있다. '23수호자'(숫자 23 참조)처럼 사람들은 매일 반복적으로 숫자 111을 보기를 주장한다. 시계, 자동차 번호판, 컴퓨터 화면 등. 수비학자들의 설명에 의하면 이것은 영혼의 안내자로부터의 신호라는 것이다. 아마도 그들은 1시 11분에 시계를 보도록 당신의 귀에 속삭일 것이다. 이를 통해 그들이 전하고자 하는 바는 당신의 삶에서 새로운 주기가 시작된다는 것을 당신이 생각하고 있으며 당신의 계획이 건전하다는 것이다.

111과 같은 다원수(multiple digit)는 영혼의 안내자들을 믿는 이들에게 모두 의미 있는 숫자들이다.

□ 222 : 당신이 지금 하고 있는 일을 계속할 것을 당신에게 말한다.

□ 333 : 당신이 물을지 모르는 질문에 대해 완전한 긍정을 한다.

□ 555 : 삶을 완전히 변화시킬 사건에 대해 당신이 방금 생각했거나 경험한 것을 뜻한다. 함께해라.

□ 666 : 당신의 생각은 불명확한 것이고 그것들을 추구해서는 안 된다고 말한다.

□ 777 : 중요한 교훈을 배웠다는 것을 나타낸다.

□ 888 : 삶의 새로운 국면을 위해 미리 준비할 것을 경고한다.

□ 999 : 당신이 생각하고 있는 것은 당신의 삶에 있어서 한 국면의 완결을 나타낸다.

□ 000 : 당신이 세상에서 유일한 존재임을 의미한다.

■ 'F111'은 1967부터 1996까지 미국 공군이 설계하고 제너럴 도미니크 사에서 제작한 장거리 전폭기다. 이 비행기는 날개를 앞쪽으로 하면 상대적으로 낮은 속도로 이착륙을 할 수 있고, 날개를 뒤쪽으로 하면 마하 2.4의 속도를 낼 수 있는 가변익(可變翼)을 사용하므로 다른 비행기와 쉽게 구분된다.

112

영국 도량형에서 112파운드는 1 헌드레드웨이트로, 20헌드레드웨이트는 1톤이다. 이런 단위 환산법은 미터법에도 적용되어 50킬로그램은 1톤의 20분의 1이다.

114

코란은 수라(suras)라 불리는 114개의 장으로 나누어져 있다.

117

중국 용은 전통적으로 117개의 비늘을 가지고 있다. 이것은 중국 문화에서 행운의 숫자 9가 차지하는 중요성 때문이다. 81개의 비늘은 남자이고 36개는 여자를 나타낸다.

$$81=9 \times 9$$
$$36=9 \times 4$$

악어, 뱀과 물고기가 합쳐진 용은 서양에서의 무섭고 전설적인 괴물의 이미지와는 달리, 중국 문화에서는 힘과 번영의 상징이다. 중국 십이지간의 상징 중 하나이기도 해서, 용의 해는 출산을 앞둔 부모들이 가장 선호하는 해다. 청나라에서 용은 황제의 상징이며, 또한 숫자 9는 황실이나 황제를 표시한다. 그러므로 용과 숫자 9는 본질적으로 연결되어 있는 셈이다. 중국 전승 신화에는 아홉 종류의 용과 아홉 명의 용의 아들이 있다.

하늘의 용	날개달린 용
영혼의 용	뿔 달린 용
지하용(地下龍)	똬리 튼 용
지룡(地龍)	황룡
청룡	

125 `Intercity 125`는 1978년 영국에 도입된 고속 기차다. 최고 시속148마일의 속도를 자랑하는 이 기차는 1980년대 후반에 세계에서 가장 빠른 디젤 기차였다. 현재는 2007년 4월 3일 프랑스 TGV 전동 기차가 세운 시속 356마일이 최고 기록이다.

★

125cc는 그랑프리 모터레이싱에서 사용되는
세 등급 오토바이 중 한 종류다. 다른 등급에는 250cc와 MotoGP가 있다.

128 128은 두 개의 제곱승의 합($8^2 + 8^2 = 64 + 64$)이지만, 이 수는 두 수 또는 다른 제곱승의 합으로 표현할 수 없는 가장 작은 수다.

139 **"** *아무것도 하지 않고 가만히 앉아 있는 게 너무 행복해요..* **"**
엘리자베스 여왕 2세가 왕실의 139번째 초상화를 위해 자세를 취하면서
화가 롤프 해리스에게.

그녀의 80회 생일을 기념하는 초상화는 롤프 해리스(인상파 예술가이며 'impressionistic' 이라는 만화로 유명함)에 의해 그려졌다. 그는 '피부에 드러난 푸른 정맥이 정말 좋습니다.' 라고 말했다고 한다.

144 144는 12의 제곱수로 1그로스 (gross)는 12다스(dozen), 즉 144개다. 12그로스는 그레이트 그로스 1,728개를 나타낸다.

★

144가 제곱수라는 사실보다 피보나치수열에 속한다는 사실은 더 큰 놀라움을 준다. 왜냐하면 1과 144 이외에는 다른 어떤 제곱수도 피보나치수열에 속하지 않기 때문이다. 114는 수열에서 12번째 숫자다.

[10각형의 내각은
144도다.]

★

한 세트의 마작에는
12다스의 패가 있다.

★

‘147 Break’는 스누커(snooker : 흰 공을 처서 21개의 공을 포켓에 넣는 당구)에서 완벽한 초구(Perfect Break)를 의미한다. 이 점수는 15개의 빨간 공(15×1), 검은 공(15×7), 그리고 노란 공(2), 녹색 공(3), 갈색 공(4), 파란 공(5), 분홍색 공(6) 그리고 마지막으로 다시 검은 공(7)을 친 것을 모두 합한 점수다.

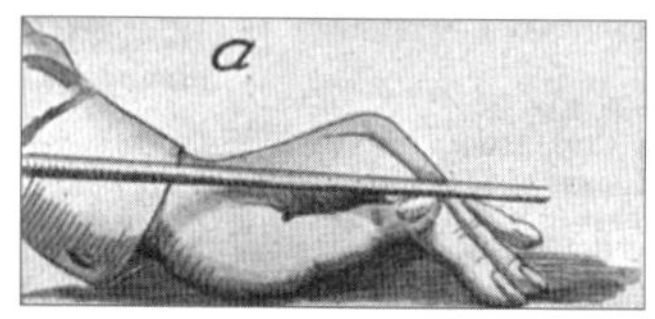

$$15 \times 1 = 15$$
$$15 \times 7 = 105$$
$$2+3+4+5+6+7 = 27$$
$$Total = 147$$

완벽한 초구인 경우 더 높은 점수의 획득이 가능하다. 만약 선수가 파울을 하거나 큐볼(cue ball, 흰 공)이 비 목적구에 완전히 가려져 지정한 공(목적구)이 보이지 않을 때(snookered), 상대방 선수는 점수가 1점인 어떠한 공(빨간 공)이라도 넣을 수 있고, 그 후로 색깔 공을 치게 된다. 만약 이때 어떠한 공도 들어가지 않은 상태라면, 상대방은 프리 볼(free ball) 상태에서 원하는 아무 색깔의 공부터라도 시작하여 완벽한 초구를 달성할 수 있다. 만약 검은 공부터 시작했다면, 최대 155점을 달성할 수 있다.

처음 텔레비전으로 방영된 ‘147 Break’는 1983년 ‘엠버시 세계챔피언전’에서 클리프 서번이 달성했다. 이때의 경기에는 긴 시간이 소요되었고, 1984년에야 끝낼 수 있었다. 반면에 1997년 로니 오설리번은 147 Break를 단 5분 20초 만에 달성했다. 그는 경기의 상금으로 165,000파운드를 벌었는데 이를 환산하면 초당 525.63파운드를 번 셈이다.

180! (One hundred and eighty!)

이것은 세 개의 다트를 던져서 매번 20점×3배(treble) 과녁을 명중해 최고 점수를 획득한 다트 선수를 축하할 때의 탄성이다. 다트 선수는 놀랍도록 신속하고 수학적인 두뇌를 가지고 있어 짧은 시간에 자신이 필요한 점수를 산출할 수 있다.

501

챔피언십 다트 경기는 501점에서 시작한다(게임은 501점의 기본 점수로 시작해, 교대로 다트를 3개씩 던져서 그 합계 득점을 기본 점수로부터 감산한다. 이렇게 진행하여 최종적으로 0점을 먼저 만든 선수가 승자다). 경기 종료를 위한 전통적인 감산 방식은 60, 60, 60 ; 60, 60, 60 ; 60, 57, 24이거나 7개×20점×3배(treble) 과녁, 19점×3배 과녁, 12점×3배(double) 과녁이다. 다른 방법으로 18점×3배 과녁, 17점×3배 과녁, 18점×2배×3개 다트를 던지며 이는 1984년 10월 13일에 처음으로 텔레비전에 방송된 나인 다트(nine-dart) 경기에서 승리한 존 로우의 경기 방식이었다.

각각의 세 개의 다트로 167점[20점×3배 과녁, 19점×3배 과녁, 50점(불스 아이, bulls eye)]을 던져서 나인 다트 경기를 끝낼 수도 있지만, 실수를 저지르면 안 되므로 시합에서는 자주 볼 수 없다.

170_한 선수가 경기를 끝낼 수 있는 가장 높은 점수로 다트 두 개를 이용하여 20점 3배 과녁과 불스 아이를 적중시켜야 한다.

163_3번의 다트를 던져 얻을 수 없는 가장 낮은 점수다. 다른 점수로는 166, 169, 172, 173, 175, 176, 178, 179와 180 이상의 점수가 있다.

110_두 개의 다트를 던져 획득할 수 있는 가장 높은 끝내기 점수다.

40_'더블 탑(double top)'으로 알려졌고, 20점 2배 과녁을 적중하는 것으로 선호하는 방식 중 하나다.

32_2배의 16점 과녁은 8 옆의 수이므로 선호하는 방식이다. 만약 2배 점수를 놓치고 16점을 맞춘다면, 다음으로 2배의 8점 과녁을 겨냥하도록 목표를 약간 선회해야 한다.

26_하나의 다트로 20을 맞추고 나머지 다트는 옆의 수 5와 1에 적중한 경우다.

3_광란의 도가니(madhouse)로 알려졌다. 이는 1이나 1점×2배에 맞추어야만 끝낼 수 있으며 다른 점수를 맞추면 어찌할 방도가 없다.

180

물의 빙점과 비등점의 온도 차이는 화씨 180도이다. 화씨 32도에서 얼고 화씨 212도에서 끓는다.

★

'DO A 180'은 반대 방면을 향하는 것이다. 180도 방향. 삼각형의 내각의 합은 180도이다.

200

200 은 100과 함께 카메라 필름에서 가장 많이 사용되는 ISO 감도다. ISO(International Organization for Standaradization)는 국제 표준화 기구를 지칭하며, 필름의 감도는 빛에 대한 민감도를 말한다. 따라서 수치가 높을수록 빛에 더 민감하므로 노출을 줄일 수 있다.

ISO 200 필름은 25에서 3,200까지의 범위 중 가장 많이 사용한다. 우리는 일반적으로 100, 200, 400의 필름을 구매한다. 왜냐하면 이 필름을 사용하면 좋은 사진을 찍기 위한 고도의 기술이 필요하지 않기 때문이다.

카메라에서 조리개 값의 차이는 F-stop(F스톱: 카메라 렌즈를 F넘버로 맞춘 조리개)과 관련이 있다. 그러므로 셔터 속도가 같다고 가정했을 때 ISO 100 필름과 F8 렌즈로 촬영하는 것은 ISO 200 필름과 F11 렌즈로 찍을 때와 동일한 노출을 갖게 된다. 마찬가지로 200 필름을 사용할 경우 동일한 구경을 사용하고 셔터 속도를 두 배로 빠르게 하면 유사한 촬영을 할 수 있다.

200미터는 육상경기에서 두 번째로 빠른 단거리 경기다. 그것은 또한 수영에서 자유형을 제외한 평영·배영·접영 경기에서 가장 긴 거리다. 200미터는 시합용 수영장의 4배 길이다.

1963년 7월 27일 미국의 돈 솔란더는 자유형 200미터 경기에서 2분대 이하를 기록한 첫 번째 선수다. 그의 기록은 1분 58초 8이었으며, 20세기 말의 최고 기록은 1분 46초 00이었다. 20세기 초와 비교하면 36초나 단축된 셈이다.

216

216은 정신적 의미가 폭넓게 부여된 숫자다. 고대 수학자들에게 첫 번째 두 자연수의 각각의 세제곱승의 곱이기 때문에(1은 제외) 특별하게 취급되었다. 216은 6의 세제곱승이고, 3, 4, 5의 세제곱승의 합이고, 또한 2와 3의 세제곱승의 곱이다.

$$2^3=8$$
$$3^3=27$$
$$8\times27=216$$

기독교에서 666은 매우 의미심장한 숫자다.

그런데 6×6×6=216이기 때문에, 사람들은 216이 이를 대리하는 수라고 여긴다.

216은 3×3 마방진의 상수다. 모든 행과 열과 대각선의 곱은 216이다.

2	9	12
36	6	1
3	4	18

■ 카발라에서의 216자리 숫자는 신의 본명이라고 여긴다. 이것의 특징은 1998년 영화 〈π〉에 등장했다.

*

□ 216은 세 개의 세제곱승이 합쳐져서 이루어지는 가장 작은 세제곱승이다.

$$3^3+4^3+5^3=$$
$$27+64+125=216$$

220은 독특하게도 가장 작은 우애 수 (amicable number)이다. 이 친화적 배열에서 신의 손길로 맺어진 상대 수는 284이다. 우애 수는 자신을 제외한 약수의 합으로 각각 표현되는 숫자 쌍을 말한다. 220의 약수는 1, 2, 4, 5, 10, 11, 20, 22, 44, 55, 110이다. 그것들을 모두 더하면 284가 나오며, 또한 284의 약수는 1, 2, 4, 71, 142인데, 이를 다 더하면 220이 된다.

이에 대한 전설은 퍼즐에 강한 취미를 가진 터키의 한 술탄(sultan)으로부터 시작된다. 술탄은 수감된 수학자에게서 퍼즐을 배우기 위해 한 가지 제안을 한다. 만약 수학자가 문제를 낸다면 술탄이 문제를 푸는 시간 동안 수학자에게 자유를 주겠다는 것이었다. 물론 술탄이 문제를 푼 뒤에는 수학자는 참수형에 처해질 것이다. 그래서 수학자는 220과 284의 우애성에 대해 설명하고 다른 우애수를 찾아내는 문제를 술탄에게 제시했다. 결국 술탄은 그 수를 찾는 데 실패했고 수학자는 자유의 몸으로 오래오래 살았다고 한다.

수학자에게는 운이 좋았지만 술탄은 우애 수를 무려 59쌍이나 발견한 18세기 스위스 수학자 오일러의 법칙을 알지 못하였다.

220과 284의 우애성은 이를 높이 평가하던 피타고라스에게도 알려졌다. 이 숫자들은 특별한 힘을 상징했고, 다양한 형태의 상징에서 친화력을 나타내는 데 사용되었다. 그렇지만 더 이상의 수를 발견하는 데는 오랜 시간이 걸렸다. 다음 쌍은 1,184와 1,210으로, 이들은 파가니니라 불리는 16세의 이탈리아 소년이 1866년에 발견하기까지 세상에 알려지지 않았다. 오일러, 데카르트와 페르마 같은 위대한 수학자들도 우애 수를 발견하지 못했고, 아랍의 수학자 알 반나(al-Banna)가 13세기에 그다음 우애 수 쌍인 17,296과 18,416을 발견했다.

1,010 미만인 우애 수는 모두 찾았지만, 무한히 존재하는지는 아직 증명되지 않았다. 또한 홀수와 짝수로 구성된 우애 수 쌍의 존재유무에 대해서는 어느 누구도 발견하거나 증명하지 못했다.

다음은 우리에게 알려진 몇 개의 우애 수다.

220	284
1,184	1,210
6,232	6,368
10,744	10,856
17,296	18,416
9,363,584	9,437,056

256

256Hz는 많은 클래식 작곡가들이 선호하는 중간 C의 주파수다. 피타고라스 이론에 따르면 이 주파수는 사람에게 가장 큰 기쁨을 주기 때문에 철학자의 중간 C 또는 과학적인 중간 C로 알려져 있다. 이 음계는 단순한 비율을 사용하여 만들어진다. 피타고라스는 단순한 박자 수들이 듣기에 편안하다고 했다. 그래서 소리의 파장과 주파수에 대한 지식은 없었지만, 다음의 비율을 사용해 현(string)의 길이를 조절하여 음계를 만들었다.

8음(octave) 2:1

5음(Fifth) 3:2

3음(Third) 5:4

그렇지만 이 체계에는 문제점이 있다. 수학적으로 모든 음조(key)에 일관성이 없었으므로 음조들이 바뀔 때는 흉한 음색의 충돌이 발생하게 된 것이다. 그래서 사람들은 좀 더 훌륭한 결과를 주는 다른 조율 체계를 찾게 되었다. 요한 세바스찬 바흐의 듣기 좋은 음계는 눈부신 향상을 이루었는데, 〈평균율 클라비어 곡집(숫자 48 참조)〉에 48개의 음조를 모두 사용하여 이를 증명했다. 모든 반음정 음조는 동일한 박자를 갖고 있으므로 차분한 음계를 개발하는 데 영감을 주었다. 이는 음악 연주에서 훨씬 복잡한 주파수를 가져왔고, 어떤

것이 이상적인 연주회용 음조(pitch)인지에 대한 많은 논쟁을 야기했다.

오늘날 합주조(合奏調 : 보통의 음도보다 약간 높은 음도)는 중간 C 위로는 440Hz의 주파수 A에 기초하며 중간 C는 261.6Hz를 갖는다. 그러나 기존의 많은 뮤지컬 작품들에서 사용된 전통적인 256Hz로 회귀하자는 강한 움직임이 있다. 왜냐하면 많은 가수들이 높은 음에서 공연하고자 고군분투하고 있기 때문이다.

잘 알려진 몇 가지 주파수를 살펴보자.

20,000Hz : 사람들 귀에 들리는 가장 높은 음

4186.01Hz : 피아노의 가장 높은 C

4000Hz : 남자들이 듣기에 가장 짜증나는 주파수

432Hz : 신생아의 첫 번째 울음소리

350Hz : 사람들의 평균 목소리

256Hz : 철학자의 중간 C

111Hz : 최면을 가져오는 소리

53Hz : 벌새의 날갯짓 소리

40Hz : 천둥

25Hz : 고양이가 가르릉거리는 소리

20Hz : 사람의 귀에 들리는 가장 낮은 음

3Hz : 코끼리의 낮은 울음소리

270

2004년 12월 14일에 개통한 프랑스 미요(Millau) 다리는 270미터로 세계에서 가장 높은 교각의 기록을 깼다. 다리는 프랑스의 마시프 상트랄(Massif Central)을 흐르는 타른(Tarn) 강의 계곡에 설치되어 있다.

이 다리는 파리와 프랑스 남부 간의 운행 시간을 단축시켰으며, 기간만 3년이 걸렸고 총 3억9400만 프랑이 들어갔다. 1.6마일(약 2.57km)의 길이에 7개의 교각이 있으며 가장 높은 것은 에펠 탑보다 높은 342미터다. 미요 교각을 통과하는 운전자는 구름 위에 있기 때문에 종종 하늘을 날고 있는 듯한 경험을 하곤 한다.

360

원과 사각형의 내각은 360도이다. 세계는 서경 180도, 동경 180도로 총 360도의 경도로 나뉜다. 원을 360도로 나눈다는 생각은 기원전 5000년에 중동의 수메르 인의 발상이었다. 그들은 점성술과 수학에 능통했으며 문자를 사용한 최초의 문명을 이루었다. 그들이 수학적인 지식을 가지고 있었다는 증거도 있다. 수메르 인은 기본적으로 60진법(숫자 60 참조)을 사용했으며, 원과 육각형 사이의 밀접한 관계도 알고 있었다.

그들은 원 내부에 정육각형을 그릴 수 있었으므로 원을 자연스럽게 6등분할 수 있었다. 그리고 각 등분을 60개의 더 작은 부분으로 나누어 오늘날 우리가 알고 있는 360도를 알아냈다. 수메르 인들은 이 원리를 사용하여 밤하늘을 30과 12로 분할했다. 또한 그들은 일 년을 360일로 나눈 달력을 가지고 있었다. 360은 24를 소인수 분해할 때 나오는 가장 작은 인수(2^3)를 동일하게 가지고 있으며, 달, 날, 분, 초 등을 나누는 데 가장 편리한 숫자다.

365.25

율리우스력에 의하면 일 년의 실제 일수는 365.25일이다. 양력의 일 년은 지구가 태양을 완전히 한 바퀴 도는 데 걸리는 시간이다. 정확한 값은 365.2421895134이지만 반올림하여 1년은 365일로 정해졌고, 율리우스 카이사르는 매해 4분의 1일을 고려하여 4년마다 1일을 추가한 윤년을 도입했다. 그렇지만 오차가 정확하게 일 년당 4분의 1일이 아니므로 윤년은 양력과 동시성을 지니기에는 그다지 정확하지 않다. 그러므로 추가적인 보완이 필요했다.

그레고리력은 365.2425일을 일 년으로 정하고, 4의 배수이지만 매 100번째 해에는 윤년을 넣지 않았다. 100의 배수이지만 400년마다 윤년이 있으며, 이것은 비록 양력으로는 매년 0.00000006162일씩 짧아지지만 매우 정밀한 편이다.

정확한 숫자는 차치하고라도 양력은 매년 자신만의 독특한 숫자를 갖고 있으므로 가장 중요한 시간 측정 도구이며, 역사적 사건과 연관이 있다. 그 예를 보자.

음악가와 소설가에게 영감을 준 특별한 해

1812 : 차이코프스키의 서곡

1977 : 클래시의 노래

1984 : 조지 오웰의 소설

1999 : 프린스의 노래

2001 : 아서 C. 클라크의 소설 / 스탠리 큐브릭의 영화

2525 : 자거와 에번스의 노래

참고 : 마지막 4개의 장르는 미래파의 작품으로, 제목에 사용된 연도 이전에 씌어진 것이다.

374

지구상에서 가장 나이가 가장 많은 생물은 비너스백합조개(Arctica islandica)인 아이슬란드 청색 조개(Icelandic Cyprine mollusc)로, 나이는 374세다. 이 조개는 북극 바닷가에 살며 일생 동안 천천히 성장하여 다 자라도 10센티미터 정도의 크기라고 한다. 갈라파고스거북은 고래와 비슷한 200년 정도를 산다고 한다. 1777년 쿡 선장에 의해 통가(Tongan) 왕국에 전해

진 Tui Malilia(거북이)는 1965년까지 생존했으며, 확인된 연도만 해도 188년은 넘게 살았다. 찰리라는 이름의 이 앵무새는 영국에서 1899년에 태어났다고 한다. 한때 윈스턴 처칠이 찰리를 소유한 적이 있었고, 그래서 찰리가 고인이 된 영국 수상이 나치에게 한 욕을 따라한다고 주장했지만 처칠의 가족에 의해 근거 없는 말이라고 일축되었다. 1995년 10월 프랑스의 장 루이스 칼멘은 120세의 나이로 세계에서 가장 오래 산 사람으로 알려졌다. 그녀는 일본의 이즈미 시제치요의 기록을 뛰어넘었다. 그녀는 1875년 2월 21일에 태어나 1997년 8월 4일에 사망했으며, 총 122년 5개월 14일을 살다 갔다.

'420' 은
'대마초 흡연' 을 뜻하는 은어다.
이는 룸메이트 광고에
일반적으로 사용하는데,
대마초 사용자에게 관대함을 뜻하며
'420 friendly' 로 표현한다.
유례는 알 수 없다.

420

432

432는 많은 종교적 전설이나 전통 신화에서 중요한 요인이 되는 어떤 주기를 의미한다. 칼리 유가(Kali Yuga) 또는 어둠의 시대는 힌두교에서 우주론적인 시간 단위를 나타내며 432,000년 동안 유지된, 사람의 도덕성이 타락하는 시기였다.

바빌로니아 전설에서는 열 명의 왕들이 432,000년 동안 대홍수가 발생하기 전까지 지배했다고 한다.

북유럽 신화에서는 신들의 최후의 심판일(Doomsday of the Gods)에 발할라(valhalla, 오딘 신의 전당)의 540개의 문을 통해 800명의 전사들이 나타난다. 전사들의 숫자의 합이 432,000명이다. 점성가들은 한 분점(分點)이 1도를 여행하는 데 필요한 시간을 72년이라고 계산했으며, 황도 12궁을 여행하는 데는 25,920년이 걸린다고 했다.

(사실은 이보다는 빠르다. 그러나 이것은 매년 속력이 증가하기 때문이며, 수메르 시대에서는 매우 정확한 계산 결과였다고 본다) 수메르 인은 60진법을 사용했다(25920/60=432).

451

『화씨 451도』는 레이 브래드버리가 쓴 책이다. 이 책의 배경은 책의 출판이 엄격히 통제된 어느 미래이다. 이야기 속 주인공인 가이 몬태그는 직업이 소방수였는데, 사실은 책을 불태우는 일이었다. 책의 제목 '451°F'는 종이의 발화점을 의미한다. 이것은 자연 발화점이며, 이는 외부의 불꽃이나 스파크 없이 물질에 불이 붙는 온도를 의미한다.

다른 연료에 비교했을 때 종이는 낮은 인화점을 가진다. 브래드버리의 소설은 1966년 프랑수아 트뤼포에 의해 영화로 만들어졌으며, 오스카 베르너와 줄리 크리스티가 주연으로 출연했다. 이 작품은 마이클 무어의 2004년 기록 영화 〈화씨 9/11〉에 영감을 주었다고 한다.

숫자로 보는
바다

지구 표면의 71%
지구 물의 97%

총 물의 부피
1,347,000,000km³
(296,298,447,105,777,900,000갤론)

평균 온도
17℃

평균 심해 온도
0~3℃

대양	면적 (miles²)	최저깊이
태평양	64,000,000	36,198ft (마리아나 해구)
대서양	33,000,000	28,231ft (푸에르토리코 해구)
인도양	28,000,000	25,345ft (자바 해구)
남극해	7,900,000	23,736ft (남 샌드위치 해구)
북극해	5,000,000	17,881ft (유라시아 해분)

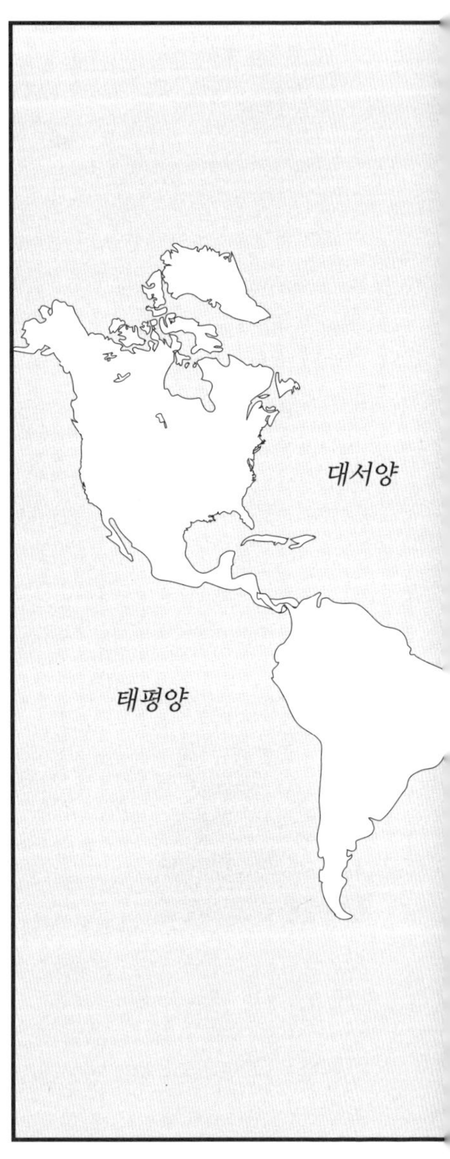

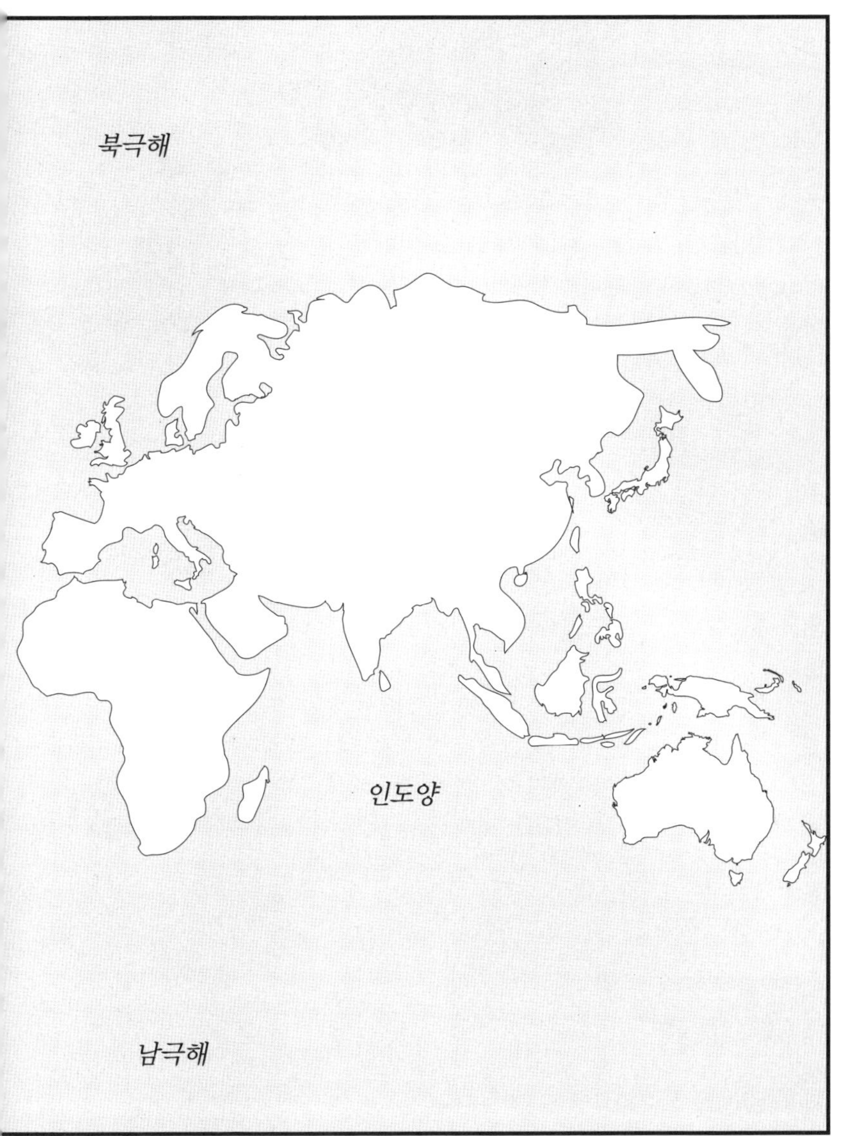

북극해
인도양
남극해

500

'인디애나폴리스 500'과 '데이토나 500'은 각각 미국의 IndyCar와 NASCAR 시리즈의 유명한 자동차 경주다. 여기에서 500은 자동차 경주 거리 500마일을 의미한다.

인디애나폴리스 500은 세계에서 가장 오래된 자동차 경주의 하나로, 1911년까지 기원이 거슬러 올라간다. 위험하기로 악명 높은 경주로, 지금까지 38명의 운전자와 16명의 기술자, 관중 10명의 목숨을 빼앗았다.

Fiat 500은 세계 최초의 소형 도시형 자동차 중의 하나로, 1957년에서 1979년까지 생산되었다. Fiat 500은 고무줄로 움직인다는 농담이 있을 정도였다.

2003년 10월 18일 스피드 스케이트 선수인 캐나다의 장프랑수아 모네트는 평균 시속 27.3마일의 속도로 500미터를 41.184초에 주파하는 세계 신기록을 수립했다.

501은 세계에서 가장 유명한 청바지 브랜드의 하나로 리바이스의 제품이다. 바이에른 이민자인 레비 스트로스는 1873년 청바지의 대량 생산을 시작한 선구자 중 한 사람이다. 프랑스의 인류학자인 클로드 레비스트로스와는 동일 인물이 아니다.

555 ■ 영화에서 가짜로 교환하는 전화번호이다. 전화번호의 수요 증가와 더불어 555국번으로 시작되는 전화번호도 실제 사용자들에게 많이 할당되었다. 하지만 555-0100부터 555-0199까지는 여전히 할당되지 않았다.

666

666은 모든 숫자 중에서 가장 사악한 숫자이지만, 세상에는 수많은 종교가 있고 그 종교들 모두가 옳은 것은 아니라는 사실을 강조하기도 한다. 기독교에서는 666이 악마의 숫자이고, 세계의 종말을 상징하지만, 중국 문화에서는 666이 '일이 잘 풀림'의 발음과 같아 행운의 숫자로 간주된다. 악마가 중국인이 아니면 이 점은 전혀 중요하지 않다.

★

몇몇 그리스 어 성경에는 '616'의 숫자가 나온다. 이것을 어떻게 해석해야 할지는 좀 더 검증이 필요할 것 같다. 수백 년 동안 학자들은 이 점에 대해 연구하고 있다(174페이지 참조).

★

■ 666의 악마적인 특성의 기원은 「요한묵시록」 13장 18절에 쓰여 있다. 원서는 히브리 어로 쓰여 있고, 그리스 어로 번역된 이 구절은 많은 의미로 해석되었지만, 1982년에 유행한 아래의 곡에서 신빙성 있는 해석을 찾을 수 있다:

> **지각이 있는 자는 그 짐승을 숫자로 세도록 하라**
> **그것은 사람을 가리키는 숫자이고 그 숫자는 육백육십육이다.**
>
> 아이언 메이든의 '짐승의 숫자' 중에서

가장 유명한 666 이론들

불특정 이론

DCLXVI는 로마의 666을 의미하는 숫자이다. 그리고 DCXVI는 616을 의미한다. 이 두 숫자는 우리가 흔히 사용하는 수천만, 수백만과 같이 모호하지만 매우 큰 수를 표현할 때 사용된다. 이런 해석에 근거해 짐승은 문자 그대로 매우 큰 숫자를 의미한다.

시이저 이론

다른 해석으로 666은 당시의 그리스도 신자들에게 큰 위협이 되던 한 로마 인을 상징하는 암호다. 이론적으로 네로 황제가 유력한 후보자인데, 그의 이름은 그리스 식으로 666의 의미를 갖는다. 또 다른 암시로 Divus Claudiusn(어머니조차 그를 야수로 생각함)의 이니셜 DC는 로마숫자에서 600을 의미하며, 그리스 식으로 카이사르(Caesar)는 60을 의미한다. 그리고 네로 황제는 율리우스 카이사르 이후의 6번째 황제다. 즉 666으로 상징된다. 이런 사실들을 로마 인들이 연구할 수 있었을까?

불완전한 이론

숫자 7이 완벽한 숫자로 간주되는 것처럼 하느님의 숫자 7(숫자 7 참조)과 예수님의 숫자 8은 완벽한 숫자이나 6은 인간을 상징하는 불완전한 숫자로 여겨진다. 사람들은 6일째에 창조되었다. 불완전한 생각, 몸, 영혼을 가진 존재, 이것들이 666이 사람을 가리킨다고 주장하는 근거다. 그래서 666을 사람의 숫자라고도 한다.

수비학의 이론

수비학자들은 수를 사용해서 사물의 본성, 특히 사람의 성격과 운명, 미래의 일을 해명하거나 예견하였다. 또한 수많은 게마트리아(숫자 27 참조) 형상이 짐승의 수에 사용되었다. 어떤 것들은 직접 숫자로 전환되기도 한다. A는 1, B는 2

등. 비슷하게 전환하는 다른 방법도 있다. 예를 들어 J는 10, K는 20, L은 30과 같이 증가하는 추세로 만들 수 있다. 또 다른 절차로 6의 배수를 적용하면 A는 6, B는 12가 되고, 역으로 Z는 6, Y는 12가 될 수 있다.

히브리와 그리스의 게마트리아는 많은 경우 이러한 방법을 적용했고, 이 방식의 결과들은 상당히 당황스럽다. 만약 당신이 충분히 숫자를 섞는다면 대부분의 사람들에게도 들어맞게 될 것이다. 다음은 주목받을 만한 결과가 나온 저명인사의 목록이다.

아돌프 히틀러, 존 F. 케네디, 산타클로스, 빌 게이츠, 요한 바오로 2세, 마틴 루터 킹, 조지프 스탈린, 컴퓨터, 나폴레옹 보나파르트, 보리스 옐친, 월드와이드 웹, 로널드 레이건, 사담 후세인, 성경책, 헨리 키신저, 호메이니

반자본가 이론

"돈을 사랑하는 것이 모든 악의 근원입니다." 라는 말은 성서에 있는 구절이다. 현대 사회에서 자본주의는 악마와 같게 보이고, 돈과 연관된 666을 찾아볼 수 있다. 저런! 666은 룰렛의 총 숫자의 합과 같다. 더 나아가 잡화점에서 볼 수 있는 바코드를 보면 3쌍의 얇은 선들을 확인할 수 있다. 이 선들은 각각 숫자 6의 동일한 상징이다. 사실은 스캐너에서는 6으로 읽지 않으나 미숙한 눈으로 보게 되면 6으로 착각할 수 있다. 그러므로 숫자 666은 국제 무역을 내재하고 있다. 고도의 안전성 확보를 위해 신용 카드를 사용하지 않고 은행 정보를 피부의 문신으로 이용하는 방법이 검토되고 있다. 「묵시록」에서는 모든 사람들이 짐승의 상징(666)을 가진다고 말한다. 이것이 자본주의와 관련이 있을까?

■ 1976년 영화 〈오멘〉은 바코드가 도입된 지 3년 후에 개봉하였다. 〈오멘〉은 숫자 666에 대한 높은 관심을 불러일으켰다. 〈오멘〉과 이것의 후속작에서는 머리에 666이 새겨진 데미안이라는 소년의 형상으로 적그리스도의 도래를 묘사했다. 영화에서는 그의 앞길에 방해가 되는 사람들은 누구나 끔찍한 사고로 희생된다. 이 영화는 30년 후인 2006년 6월 6일에 리메이크되었다.

761

음 속은 소리가 통과하는 매질에 따라 변화한다. 그중 가장 영향을 크게 미치는 것이 온도와 고도다. 예를 들어 80,000피트 고도에서의 음속은 시속 660마일이다.

1960년 8월 16일, 미국 공군 장교 조지프 W. 키팅거 주니어는 자유낙하로 시속 714마일에 도달함으로써 기계의 도움 없이 음속의 장벽을 넘은 유일한 사람이 되었다. 미국 공군의 실험인 엑셀시오르(Excelsior, 보다 높은) 프로젝트의 일환으로 그는 우주복을 착용하고 풍선을 이용하여 102,800피트 상공까지 올라갔다. 뉴멕시코 상공에서 4분 36초 동안 84,700피트를 낙하하여 시속 714마일에 도달했다. 그 뒤에 낙하산을 펼쳐 9분 9초 후 지상에 무사히 착륙하였다.

1997년 11월 25일 영국인 브리튼 앤디 그린은 미국 블랙락 사막에서 시속 763.434마일의 속도를 기록함으로써 지상에서 음속을 최초로 넘은 사람이 되었다.

비행기를 타고 음속의 벽을 넘은 최초의 사람은 미국 비행사 척 예거로 1947년 10월 14일 45,000피트 상공에서 Bell XS-1을 이용하여 이를 달성하였다.

채찍을 휘두를 수 있는 사람은 누구나 음속을 깰 가능성이 있다. 채찍의 날카로운 소리는 채찍의 끝단이 소리의 속도보다 빠르게 움직일 때 발생하고, 이는 작은 소닉 붐 (Sonic boom, 항공기가 음속을 넘을 때 나는 폭발음)이다.

666이 악마의 표식으로 인식되듯이, 777은 일부 기독교인에게 삼위일체의 표식으로 인식된다. 당신이 만약 라스베이거스에서 슬롯머신을 하고 있다면 한 줄에 7이 세 개인 777은 상금을 받는다는 것은 기분 좋은 소식일 것이다.

■ 777에 대한 기독교적 암시는 신비주의자 입문서『책 777(Liber 777)』을 발행한 악마 숭배자 알레이스터 크로울리로부터 시작한다.『책 777』은 여전히 마법과 악마 숭배에 빠진 이들의 지침서다.

크로울리는 플리머스 지방 출신이다. 영국의 심장부인 레밍턴 스파에서 태어난 그는 케임브리지 대학 시절에 종교를 버리고, 헤로인 중독자로, 마술 및 변태 성욕자로 악명을 얻게 되었다. 그는 자신의 표시로 666을 선택한 뒤 스스로 적그리스도임을 공표하였다. 그의 세력이 점점 커지자, 그는 세계에서 가장 사악한 사람으로 불리게 되었다.

□ 보잉 777-200LR 국제 정기선은 최대 적재량 상태에서 거의 11,000마일을 운항하는 제트기의 선두 주자다. 2005년 도입 시 세계 어느 도시든 논스톱으로 비행할 수 있었으므로 장거리 비행을 하는 승객들에게 크게 환영 받았다.

보잉 777-200LR은 2005년 홍콩과 런던 간 13,500마일을 22시간 22분간 운항함으로써 상업적으로 가장 먼 장거리 비행 기록을 세웠다. 1903년 윌버 라이트는 12초 동안 128피트를 비행했다. 얼마 뒤 오빌 라이트는 59초 동안 비행하여 915피트를 날았다.

900

900은 미국과 타국 영토 내 미국 영토에서 페이 퍼 콜(pay per call, 소비자가 검색한 광고주에게 편하게 전화를 걸 수 있도록 도와주는 서비스–옮긴이) 전화번호의 시내 국번이다.

911

911은 북미 지역 긴급 전화번호이다. 이는 역설적으로 미국 본토 최악의 참사인 테러 공격이 일어난 2001년 9월 11일과 같은 숫자다. 매년 9월 11일, 맨해튼의 세계 무역 센터 쌍둥이 건물이 서 있던 곳에서는 추모 행사가 열리고, 희생자의 이름이 낭독된다. 이름이 낭독되는 동안, 비행기가 건물에 부딪힌 오전 8시 46분과 9시 03분, 건물이 붕괴된 오전 9시 59분과 10시 29분, 총 4회 낭독을 멈춘다.

많은 사람들이 9·11에 숨겨진 의미를 찾으려고 하지만 가장 의미 있고 중요한 것은 희생자 수를 나타내는 사상자 목록이다.

사망자

☐ 아메리칸 에어라인 11	88(승객) + 5(납치범)
☐ 유나이티드 에어라인 175	59(승객) + 5(납치범)
☐ 아메리칸 에어라인 77	59(승객) + 5(납치범)
☐ 유나이티드 에어라인 93	40(승객) + 4(납치범)
☐ 세계무역센타	2,602(24명은 아직 실종으로 기록)
☐ 미 국방부	125
☐ 합계	2,992

그들 중

☐ 뉴욕 소방국	343
☐ 뉴욕 경찰국	23
☐ 해안 경비국	37
☐ 11살 미만 유아	8

손 실

☐ 맨해튼에 위치한 빌딩 아홉 개가 파괴되었거나 후에 철거됨

☐ 4대의 비행기가 파괴됨

☐ 펜타곤 외벽 35미터 정도 넓이의 4개 층이 소실 또는 붕괴

999

세 계 최초의 긴급 전화 전용 서비스는 1937년 런던에서 시행된 999 서비스다. 이 서비스는 긴급 전화를 통한 신속한 대응 체계가 제공되면 인명을 구할 수 있었던 화재 사건을 면밀히 조사한 뒤에 도입되었다. 이전의 긴급 전화는 교환원을 통해 화이트홀 1212가의 경찰 정보실로 연결되었다.

999는 여러 이유 때문에 선정되었다. 999는 111처럼 실수로 전화번호를 돌리지 않을 것이고, 기존의 전화 교환 방식에 대한 폐쇄가 필요치 않으며, 공중전화에서 무료로 서비스를 이용하게 하기도 쉽다. 그러나 최근의 버튼 누름 방식 전화기에서는 999를 누르기가 지나치게 쉽다. 약 75퍼센트의 999 전화가 실제 긴급 상황이 아닌 것이다. 대부분이 실수로 누른 것이며 이중 어린이들이 전화기를 가지고 놀다가 발생하는 경우가 매우 많다. 새 번호 101은 긴급 상황이 아닌 일상적인 일을 다룸으로써, 999의 부하를 경감하고 있다.

999는 시속 100마일을 최초로 달성한 미국 기관차 Empire State Express의 번호다.

★

999는 666을 180도 회전한 것이다.

999년 임대차 계약은 부동산 매매의 일반적인 형태다. 이런 장기간의 임대는 영국 법망의 허점을 피하기 위한 방법으로, 1,000년 임대는 사실상 매매 거래로 인정하기 때문이다. 이는 9.99달러가 10.00달러보다 저렴하다고 느끼듯이 999와 1,000 사이에는 심리적인 현격한 차이가 있다.

1,000

단일 로마 수 체계에서 가장 큰 수(M은 mille의 단축형)를 의미할 뿐 아니라 콤마를 사용한 최초의 숫자인 1,000은 현대의 계산 및 측정 시스템에 있어 매우 중요한 단위다. 라틴 어 'mille'는 그리스 어 'khilioi(kilo)'에 그 흔적이 남아 있다.

Millimeter	10^{-3}m
Milligram	10^{-3}g
Millennium	10^{3}년
Millipede	천 개의 다리를 가진 생물
Kilowatt	10^{3}w
Kilometer	10^{3}m
Kilogram	10^{3}g

단어 'mile'은 로마 도량형에서 천 보(步)를 의미하는 mille에서 유래됐다. 접두사 'kilo'는 보통 단축하여 'k'로 사용하며 금액 표시에 사용한다 ($10k=$10,000).

■ 천 년의 마지막은 대격변의 시대였으며 현대에도 그러했다. 2000년은 현대 책력의 두 번째 천 년의 마지막을 장식하며, 인간의 역사에서 약 200번째이다. 서기가 시작된 이후 첫 번째 천 년이 바뀔 때 몇몇 지역의 농부들은 세상의 종말이 온다는 생각에 농사를 짓지 않았던 작은 혼란부터 전 세계가 Y2K 버그라는 사건에 대한 걱정까지 다양했다. 기본적으로 이는 컴퓨터 프로그램이 1999년 12월 31일 이후의 날짜에 대해 인식하지 못하는 현상에 따라 발생하기도 하고, 작게는 드라마 〈프렌즈〉의 4,000번째 에피소드를 녹화하지 못하는 것부터 전 세계 전자 시스템이 혼란에 빠지게 될지도 모른다는 걱정을 심어 주었다. 이 결과로 전 세계적으로 1조 달러에 이르는 금액이 IT 솔루션에 투자되었다. IT 산업은 전에 없는 호황을 누렸는데, 불행하게도 이러한 큰 행운은 천 년마다 한 번씩 있었다.

사우전드 아일랜드(Thousand Island) 드레싱은 세인트로렌스 강이 온타리오 호로 들어가는 입구인 미국과 캐나다의 변두리 지역에서 유래한 이름이다. 실제로 그곳에는 1,864개의 섬이 있기에 이름이 얼추 근삿값을 나타낸다고 할 수 있다. 섬들 중에는 너무 작은 것도 많아서 실제 섬으로 인정받기 위한 몇 가지 조건 항목이 있다. 1. 항상 수면 위에 있어야 한다. 2. 섬 위에는 최소 2그루 이상의 나무가 자라야 한다. '사우전드 아일랜드 드레싱'은 완숙 달걀과 올리브, 레드 벨 페퍼, 다진 피클, 마요네즈, 케첩을 섞어서 만든다. 가끔 우스터 시어 소스(Worcestershire Souce) 및 칠리소스가 첨가되기도 한다. 이 드레싱의 이름은 이 지역의 낚시 여행 중 드레싱을 맛본 배우 메이 어윈이 지었다고 한다. 낚시 안내자인 조지 랄론드 주니어는 그의 고객이 잡은 고기와 함께 소스를 내다 주었다고 한다. 물론 소스는 그의 아내 소피가 만들었다. 메이 어윈은 조리법을 전수받아 로컬 해럴드 호텔(Local Herald Hotel, 현재의 Thousand Islands Hotel)을 소유한 그녀의 친구에게 전달했고, 이것을 뉴욕에 월도프 아스토리아(Waldorf Astoria)를 소유한 조지 C. 볼트에게 전달하여 레스토랑 매니저 오스카 스처키가 전 세계에 소개했다.

1,001

1,001 (Thousand one)은 어떤 것이 셀 수 없이 많을 경우에 사용하는 관용적 표현이다. "내가 수없이 하지 말라고 했잖아!(I've told you a thousand and one time not to do that!)." 『아라비안 나이트(A Thousand and One Arabian Nights)』는 자신의 생명 보전을 위해 창의적이고 재치 있게 이야기를 시작하는 페르시아 여왕 세헤라자데에 관한 이야기 모음집이다. 그녀의 남편 샤리아 왕은 신부와 하룻밤을 보낸 후 정결하지 못하다는 이유로 처형시키는 유명한 여성 혐오자였다. 똑같은 운명을 피하기 위해 세헤라자데는 매일 침전에서 흥미진진한 이야기를 들려주었고, 다음 이야기를 계속 듣기 위해 왕이 자신을 살려 두게 만들었다. 그녀는(143주 동안) 1,001개의 이야기를 들려줌으로써 세 아들의 자랑스러운 엄마가 되었고 샤리아 왕은 그녀에게 관용을 베풀었다.

1776

" 우리는 다음과 같은 것을 자명한 진리라고 생각한다. 즉, 모든 사람은 평등하게 태어났고, 조물주는 몇 개의 양도할 수 없는 권리를 부여했으며, 그 권리 중에는 생명과 자유와 행복의 추구가 있다. "

1776년은 독립 선언의 해이기에 애국심이 강한 모든 미국인들의 마음에 새겨진 숫자다. 선언문은 7월 4일 토머스 제퍼슨이 초안을 작성하였으며, 영국 법에 반대한 13개 주의 지도자들이 모여 주최한 제2차 대륙회의의 모든 구성원이 서명했다. 실제로 독립 선언은 7월 2일에 리처드 헨리 리가 쓴 성명서로 선포되었으나, 7월 4일의 회의에서 제퍼슨이 재작성한 것이 공식적으로 받아들여져 그날이 독립일로 정해졌다. 그 뒤 영국에 대항한 프랑스, 에스파냐, 네덜란드로 구성된 연합군이 독립전쟁에서 승리하며 체결한 파리 조약으로 독립선언 7년 후 통치권을 넘겨받았다.

■ 오늘날 1776은 여러 방식으로 기념된다. 여러 항공사들이 1776편을 필라델피아로 운항하고 있고, 독립선언 200주년을 맞이해 팬 암 항공은 뉴욕 – 런던 간 항공기 편을 100에서 1776으로 변경했다.

1984

" 4월의 화창하고 추운 어느 날, 시계는 13번 울린다. "

이 불길한 문장은 조지 오웰의 상상력으로, 우리에게 잊을 수 없는 한 해인 1984년을 상기시킨다. 1984년은 미래의 불화가 전체주의와 유사한 말로 취급되던 시기로, 이런 사실에도 불구하고 이 해는 역사 속으로 급속히 사라져 가고 있었다. 『파리와 런던에서의 밑바닥 생활』과 『동물농장』 등의 평단의 호평을 받은 소설로 유명세를 탄 오웰은 1948년 자신의 아홉 번째 책을 집필하기 시작했으며, 책명은 간단히 연도를 사용하였다. 전체주의에 대한 적나라한 표현은 『1984』를 위험한 정치 소설로 만들었으며 소설 주제로 쓰인 많은 나라에서 배척을 받았다. 그러나 1949년에 출판된 이 책은 60개국 이상의 언어로 번역되었으며 실로 엄청난 부수가 판매되었다. 오웰이 결코 예상하지 못했겠지만 『1984』는 그의 마지막 소설이 되었다. 그는 1950년 1월 21일, 결핵으로 사망했다.

1984년, 책에 대한 관심은 판매량 증가로 나타났다. 출판 후, 35년 동안 영국에서만 300,000부 정도가 판매되었다. 높은 판매량을 보인 다른 지역 중에는 보팔(Bhopal) 참사와 인디라 간디가 암살당한 인도도 있었다.

4,844

숫자 4,844는 1964년 미국 네바다 주에서 벌목된 프로메테우스(Prometheus)라는 이름의 그레이트 베이슨 브리슬콘 소나무(Great Basin bristlecone pine)의 나이로, 이는 세계에서 가장 수령이 오래된 나무로 추정된다. 성장점의 나이테가 4,844개로 측정되어서 이 나무의 나이를 5,000년 이상이라고 추정한 것이다. 하지만 안타깝게도 프로메테우스는 당시 기록적인 수령을 고려하지 않은 과학자들에 의해 벌목되고 말았다. 이로써 세계에서 가장 오랫동안 살아 있는 생물로는 수령 약 4,800세인 캘리포니아의 브리슬콘 소나무(Methuselah)가 남게 되었다.

그러나 이는 지구상에서 가장 오래된 생물체는 아니다. 덩굴식물, 균류, 떨기나무와 같은 몇몇 식물들은 포자를 통해 이동하며 다른 식물에 기생하여 생식한다. 이와 같은 방식으로 유타 주에서 발견된 판도 포플러에 기생한 식물은 80,000년 정도의 나이를 가지고 있다.

1,000,000

> **" 누가 백만장자가 되고 싶은가? 나는 아니다. 어디서나 겉만 번지르르한**
> **아첨꾼이 될 수 있는가? 나는 아니다. 시골에 토지를 소유한 형제를 원하는가?**
> **시골의 땅은 내가 혐오하는 것 중 하나다! "**
>
> 콜 포터의 '누가 백만장자가 되고 싶은가?'
> 영화 〈상류사회〉(1956)에서

백만장자에 대한 환상은 우리들 대부분이 갖고 있는 요원한 꿈이며, 이는 왕족이나 매우 성공한 사업가들만의 전유물이 아니다. 오늘날 자신의 사업체를 경영하는 모든 이들은 백만장자가 되기를 열망한다. 그러나 그들은 처음의 백만을 만들기가 어렵다고 한다. 물론 백만 파운드는 백만 불의 두 배이므로, 영국에서 백만장자가 되는 것보다 미국에서 백만장자가 되는 것이 훨씬 쉽다. 세계에서 통화 가치가 가장 높은 쿠웨이트의 디나르 화는 미국 달러의 3.5배이므로, 백만장자 반열에 들기가 매우 어렵지만, 석유 산업 덕분에 쿠웨이트에는 많은 백만장자가 있다.

만약 백만 달러를 백만장자의 기준으로 본다면 북아메리카에만 약 3백만 명의 백만장자가 있고 전 세계적으로는 8백만 명에 달한다.

■ '백만장자가 되고 싶으세요?' 와 같은 게임 쇼에서 참가자들의 성공률은 매우 희박하지만 세계 백만장자 수의 증가를 위해 최선을 다하는 프로그램인 것은 확실하다. 1988년 프로그램이 최초로 시작된 영국에서 최고 상금 수상자 배출에만 2년이 걸렸다. 2001년 메이저 찰스 잉그램은 백만 파운드의 우승 상금을 받았지만, 후에 헛기침을 이용한 부정 행위가 발각되어 아내 다이애너와 함께 벌금 15,000파운드 및 18개월의 집행유예를 선고 받고 상금을 몰수당했다. 잉그램은 항소 판결을 뒤집지는 못했다. '백만장자가 되고 싶으세요?' 라는 이 프로그램은 69개국에서 방영되고 있다.

신속히 부자가 되는 또 다른 방법으로는 복권 당첨이 있다. 2002년 뉴욕 식품점의 종업원 발레리 월슨은 5,200,000 대 1 확률인 쿨 밀리언 스테이크(Cool Million Stake) 즉석 복권에 당첨되어 1,000,000달러에 당첨되었으며, 4년 뒤에는 주빌리(Jubilee) 즉석 복권에서 또다시 1,000,000달러에 당첨되었다. 이 복권은 705,600 대 1의 확률로, 두 복권이 동시 당첨될 확률은 무려 3,669,120,000,000 대 1이었다. 그러나 백만장자가 되고서도 발레리는 자신의 일을 그만둘 의향은 없다고 했다.

■ 접두사 'mega'는 그리스 어 mega에서 유래해 '백만 번'을 표현하는 데 쓰이지만, 문어적 해석에서는 단순히 '큰(large)' 또는 '대단한(mighty)'의 의미로만 사용된다. 유사한 의미로 'micro'는 백만분의 1을 나타내는데, '적음'을 의미하는 'micros'에서 유래되었다고 한다.

Megawatt	백만 와트 (a million watts)
Megaton	백만 톤의 TNT와 동일한 폭발력
Megadeth	미국 메탈 록 밴드

☐ 단어 Million은 13세기에 처음 사용되었다. 천의 뜻을 가진 라틴 어 mille에서 유래되어 '거대한 천(great thousand)'이라는 의미로 이탈리아 어 'million'으로 변화했다. 로마 어와 그리스 어에서는 백만을 뜻하는 단어가 없다. 만약 그들이 이 같은 수를 표현하려면 '10개의 100이 1000번(ten hundred thousand)'이라고 표기해야 한다.

*〈기원전 100만 년〉은 선사 시대 인류의 업적에 관한 1966년의 영화다. 사실 그 시기의 직립 원인(原人)들은 주인공 라켈 웰치와 같은 모습은 아니었다.

10,000,000
등등

적어도 전 세계 1000만 명이 세계 최장 공연인 애거서 크리스티의 〈쥐덫〉을 보았다. 2002년 역사적인 여왕 즉위 50주년과 더불어 런던 웨스트엔드의 세인트 마틴 극장에서 공연 50주년을 기념하는 행사를 가졌다. 크리스티는 〈쥐덫〉을 1948년 메리 여왕의 80회 생일을 축하하기 위해 썼다. 본래 제목은 '눈먼 세 쥐'였던 〈쥐덫〉은 단지 30분 분량의 라디오 방송용이었지만, 무대용 개정판은 대중의 상상력을 완전히 사로잡았다.

121,174,811

은 1967년 L. J. 랜더와 T. R. 파킨이 발견한 특이한 연속 소수 수열 중 첫 번째 수다. 수열은 아래와 같다.

121,174,811
121,174,841
121,174,871
121,174,901
121,174,931
121,174,961

이 여섯 개의 수들은 각 30씩 차이가 나는 연속 수열이다.

3.9billion

2004년 아테네 올림픽이 끝난 후, IOC 위원장 자크 로게는 몇 가지 통계를 발표했다. 그중 하나가 39억의 사람들이 텔레비전을 통해 올림픽을 시청했다는 사실이다. 이는 아마도 미국 시청자를 십억 명으로 계산한 것으로, 전 세계 총 인구는 6,500,000,000명이다. 이 말은 전 세계 인구의 60퍼센트가 올림픽을 시청했다는 것이다.

단일 사건임을 고려할 때, 스포츠 중계가 전 세계적으로 가장 많은 시청자 수를 차지한다. 2006년 FIFA 월드컵 결승전의 평균 시청자 수는 2억 6천만 명이었다.

무한까지

1억보다 큰 수는 당신이 빌 게이츠가 아닌 이상, 일상생활과의 관계를 찾기가 어렵기에 당신을 다소 당혹스럽게 만들 것이다. 이 거대한 수들을 호칭하는 방법에도 서로 다른 방식이 적용된다. 예를 들면, 미국에서 'billion'은 'thousand million'이고, 유럽에서는 'million million(미국에서는 trillion)'이다. 이 큰 수들이 도대체 어디에 적용되는지 생각할 수 없겠지만, 거대한 수에 대한 익숙한 예가 있다. 컴퓨터에서 기가바이트(1,000,000,000바이트)와 테라바이트(1,000기가바이트)를 들어 보았을 것이다. 또한 '스타 트랙'을 시청하거나 컴퓨터 수리를 위해 IT 부서에 전화를 할 때, '나노세컨드(10억분의 1초)'라는 용어를 들었을 것이다. "나노세컨드 안에 도착합니다."

4,320,000,000

□ 힌두교의 전설에 따르면 인간 세상의 4,320,000,000년이 브라마(Brahma)에게는 하루 동안의 낮에 해당한다고 한다. 브라마의 하루 낮은 1,000마하유가(mahayuga)이고 1마하유가는 10칼리유가(kaliyuga)이다(숫자 432참조). 브라마의 하루 밤도 역시 4,320,000,000년이므로, 그의 시간으로 1년은 360번의 밤과 낮의 기간으로 3,110,400,000,000년이다. 브라마의 일생(maha-kalpa)은 이것의 100회이고, 두 번째 브라마의 일생도 동일하며 이 주기를 더하면 622,080,000,000,000년이 되며 이후에도 윤회는 계속된다.

500,000,000,000

1990년대 초의 발칸 전쟁 중 유고슬라비아는 급진적 인플레이션에 휩싸여 연속적인 통화의 평가 절상에 직면했다. 1993년에는 500,000,000,000디나르의 지폐가 발행되기도 했다.

■ 백만(Milllion)을 넘는 10의 거듭제곱 수를 표현하는 미국의 수 시스템과 영국의 수 시스템의 기본적인 차이는 미국의 방식에는 수마다 천(10^3)이 곱해진다는 것이다. 이 수들은 '-ion' 대신 '-ard' 으로 끝나므로, 10억은 'milliard' 라 부른다. 그러나 1조(thousand billions)는 보통 당구(billiard) 명칭과의 혼동을 피하기 위해 '-ion' 을 사용한다. 유럽의 모든 국가가 이 방식을 사용하는 것은 아니며, 그리스, 이탈리아, 러시아, 터키는 미국식 'billion' 를 사용한다.

수	미국의 수치	유럽의 수치
Million	10^6	10^6
Billion	10^9	10^{12}
Trillion	10^{12}	10^{18}
Quadrillion	10^{15}	10^{24}
Quintillion	10^{18}	10^{30}
Sextillion	10^{21}	10^{36}
Septillion	10^{24}	10^{42}
Octillion	10^{27}	10^{48}
Nonillion	10^{30}	10^{54}
Decillion	10^{33}	10^{60}
Undecillion	10^{36}	10^{66}
Duodecillion	10^{39}	10^{72}
Tredecillion	10^{42}	10^{78}
Quattordecillion	10^{45}	10^{84}
Quindecillion	10^{48}	10^{90}
Sexdecillion	10^{51}	10^{96}
Septendecillion	10^{54}	10^{102}
Octodecillion	10^{57}	10^{108}
Novemdecillion	10^{60}	10^{114}
Vigintillion	10^{63}	10^{120}

이는 미국에서는 10^{303}이고 유럽에서는 10^{600}인 센틸리온(centillion)까지 계속된다. 하지만 두 방식 모두 10^{100}을 표현하는 용어는 없다. 9살 소년인 밀턴 시로타가 이 수의 명칭을 제공했다. 밀턴은 수학자 에드워드 케스너의 조카로 삼촌이 이런 큰 수를 어떻게 부를까를 물어보자 '구골(googol)' 이라고 약간은 익살스럽게 답변했고, 이 이름이 정식으로 붙게 되었다.

Googol

인터넷 검색 엔진인 구글(Google)은 밀턴 시로타의 '구골'에서 유래했지만, 철자가 상이한 이유는 오타 때문이다. 구글의 창업자인 래리 페이지와 세르게이 브린은 구골 도메인 명을 사용할 수 있는가의 여부를 검토할 때, 학생 중 한 명이 'Google'이라 입력했고 사용이 가능함을 알게 되었다. 이 이름은 페이지와 브린의 심금을 울렸고 도메인 명으로 정착되었다.

★

물론 진보하는 사람은 어디에나 있다. 10^{googol}을 어떻게 표현할까? 답은 구골플렉스(googolplex)로 10^{100}이다. 이는 이 책의 시작인·숫자 0에 어울리고, 마지막에 언급하는 가장 큰 수에서 중요한 역할을 한다.

602,214,199,000,000,000,000,000

■ 아보가드로 수(Avogadro's number), 또는 로슈미트 상수(Loschmidt constant)는 기억하지 못할지라도 6.02×10^{23}은 야심찬 모든 화학도들의 뇌리에 새겨져 있다(정확한 수치는 지속적으로 연구되고 있지만, 일반적으로 단순한 표현은 6.02×10^{23}이다). 화학적으로 이 수는 화학 물질 1g 분자 가운데의 분자 수, 또는 1g 원자 가운데 들어 있는 원자 수를 의미한다. 이 수는 1865년 오스트리아 과학자 로슈미트가 산출했으나, 뒷날 이탈리아 과학자 아보가드로의 이름으로 명명되었다. 이를 통해 원자량에 기초해 어느 물질의 질량이 주어지면 입자 수를 계산할 수 있게 되었다.

$2^{32582657}-1$

□ 2006년에 가장 큰 소수로 $2^{32582657}-1$가 발견되었다. 이것은 종이에 숫자로 쓰기에는 너무 큰 수이다. 이것은 9,808,358개의 숫자로 이루어져 있으며, 이전까지 알려졌던 가장 큰 소수보다 숫자가 700,000개나 더 많다.

이 수는 조지 월트만에 의해 1996년 시작된 'Great Internet Mersenne Prime Search(GIMPS)' 프로그램의 일부로서 발견되었다. 현재 50개 미만의 메르센 소수가 발견되었지만, GIMPS 프로그램은 해마다 더 큰 소수를 찾아가고 있다.

299,792,458m/s

빛의 속도

5,000

육안으로 관찰 가능한
대략적인 별의 수

13,700,000,000년

알려진 우주의 추정 나이

태양에서
가장 가까운 항성인 **4.2 광년**
프록시마 성까지의 거리

5,879,000,000,000 miles
(9,460,730,472,580.8km)

광년 (A light year: 빛이 진공 속을 일 년간 이동하는 거리)

1,988,500,000,000,000,000,000,000,000,000,000g

태양의 질량

1,000,000,000,000,000,000,000,000,000,000W

태양으로부터 나오는 에너지

5,400,000,000,000,000,000,000,000,000,000g

지구의 질량

70,000,000,000,000,000,000,000,000

우주 공간의 대략적인 별의 수, 2004년 오스트레일리아
국립대 시몬 드라이버 박사의 연구 결과

93,000,000 miles (149,598,000km)

= 1천문 단위(AU, Astronomical Unit)
지구와 태양 사이의 거리

태양계의 특성

1개의 태양   **3**개의 소행성

8개의 행성   **162**개의 위성

	태양으로부터의 거리(AU)	자전 주기 (일)	공전 주기 (일)	위성 수
수성	0.4	58.65	87.66	0
금성	0.7	243.02	226.45	0
지구	1.0	1.00	365.24	1
화성	1.5	1.03	686.65	2
목성	5.2	0.41	4,331.75	63
토성	9.5	0.44	10,756.32	56
천왕성	19.6	0.72	30,687.46	27
해왕성	30.0	0.67	60,187.90	13

그리고 더 먼 곳에

> **❝** 박물학자의 관찰에 따르면, 벼룩이 더 작은 벼룩을
> 먹이로 잡고 있으며, 이 벼룩들은 더 작은 벼룩을 물고 있다.
> 이렇게 무한히 반복되는 것이다. **❞**

이 글은 아일랜드 풍자 작가 조나단 스위프트가 쓴 『걸리버 여행기』에 실려 있다. 이 시에서 그는 우리가 아는 삶은 무한히 작은 형태로 반복된다는 생각을 전달한다. 그리고 그것은 역방향이 될 수도 있다. 우리가 살고 있는 세상은 거대한 유기체의 한 부분이며, 이 유기체는 또 다른 일부분이 되듯이 계속해서 반복된다.

각각이 의미를 지니며, 한정된 것을 측정하는 무수한 수들에 관한 내용을 읽은 후에, 인간의 머리로 측정하기 어려운 무한에 대해 고찰하는 것은 모험이 아닐 수 없다. 그러나 우리는 무한에 대한 성찰이 필요하며 $10^{구골}$처럼 대화의 주제가 아니면 실질적으로 무의미한 수는 제외하고 무한대를 이해하도록 꾸준히 노력해야 한다.

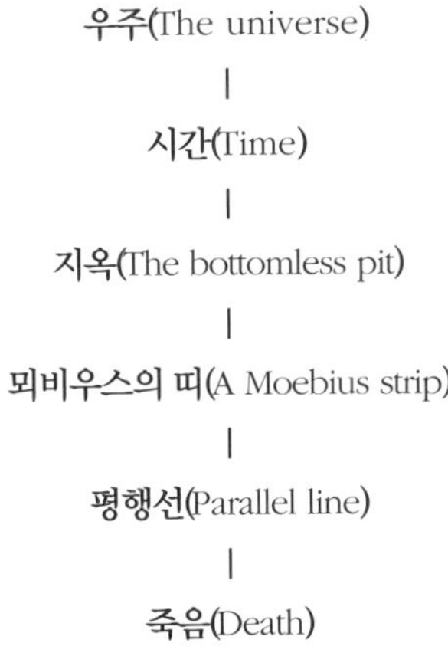

예술 방면에서 르네상스 시대의 가장 큰 돌파구는 원근법에 정통하게 된 것이다. 이는 소실점 (vanishing point : 평행선이 만나는 것처럼 보이는 점)을 적용하여 달성할 수 있었다. 물론 평행선은 절대 만나지 않으며 양쪽으로 무한히 뻗어 나간다.

이것을 고려해 보자. 고정점에 접근하는 물체가 일정한 속도로 이동한다면 1초 후 거리는 절반이고, 1.5초 후에는 다시 절반이며, 1.75초 후에는 또다시 절반, 이렇게 계속 반복된다. 이러한 정의에 의해 남은 거리의 절반에 해당하는 거리가 항상 남아 있으므로 물체는 실질적으로 고정점에 도달할 수 없다. 시간과 거리는 이론적으로 무한히 쪼갤 수 있다.

그러나 무한대에 관한 묵상에 너무 오랜 시간을 소비해서는 안 된다. 이것은 사람을 미치게 할 뿐만 아니라 지금 바로 이 시점이 숫자들이 관련된 한없이 넓은 주제에 대해서도 종지부를 찍기에 좋은 시점이기 때문이다.

즐거운 숫자 상식사전

펴낸날	초판 1쇄 2008년 8월 25일
	초판 3쇄 2017년 7월 10일

지은이	팀 글린-존스
옮긴이	명백훈
펴낸이	심만수
펴낸곳	(주)살림출판사
출판등록	1989년 11월 1일 제9-210호

주소	경기도 파주시 광인사길 30
전화	031-955-1350　　　팩스 031-624-1356
홈페이지	http://www.sallimbooks.com
이메일	book@sallimbooks.com

ISBN　978-89-522-0989-4　　03410

※ 값은 뒤표지에 있습니다.
※ 잘못 만들어진 책은 구입하신 서점에서 바꾸어 드립니다.